全国中等职业学校机械类专业行动导向

机械制图与技术测量（第二版）习题册

朱勤惠　主编

中国劳动社会保障出版社

简　　介

本习题册是全国中等职业学校机械类专业行动导向教材《机械制图与技术测量（第二版）》的配套习题册。本习题册紧扣教学要求，按课题顺序编排，知识点分布均衡，题型丰富多样，难易配置适当，有助于学生复习巩固所学知识。

本习题册由朱勤惠任主编，蔡家松、王娴、郭芸、赵阳、赵丽参加编写；吴致远任主审。

图书在版编目(CIP)数据

机械制图与技术测量（第二版）习题册 / 朱勤惠主编. -- 北京：中国劳动社会保障出版社，2022

(全国中等职业学校机械类专业行动导向)

ISBN 978-7-5167-5380-4

Ⅰ.①机…　Ⅱ.①朱…　Ⅲ.①机械制图-中等专业学校-习题集②技术测量-中等专业学校-习题集　Ⅳ.①TH126-44②TG801-44

中国版本图书馆 CIP 数据核字(2022)第 121480 号

中国劳动社会保障出版社出版发行

（北京市惠新东街 1 号　邮政编码：100029）

*

保定市中画美凯印刷有限公司印刷装订　　新华书店经销

787 毫米×1092 毫米　16 开本　18. 25 印张　227 千字

2022 年 12 月第 1 版　　2022 年 12 月第 1 次印刷

定价：37. 00 元

营销中心电话：400-606-6496

出版社网址：http://www.class.com.cn

http://jg.class.com.cn

目　录

课题一　零件的测量

1-1　测量基础知识

一、填空题（将正确答案填写在横线上）

1. 被测对象主要是指各种__________________，包括________、________、________________、几何形状和相互位置等。

2. 在测量技术中，我国以_________为基础确定了法定计量单位，长度计量单位为_________。机械制造中常用的长度计量单位为___________；在精密测量中，长度计量单位采用_________；在超精密测量中，长度计量单位采用_________；英制长度单位有________和________等，1 in＝________ mm。

3. 平面角的角度计量单位为_____________及________、________、秒（″）。

4. 测量精度是指_____________与_________的一致程度。任何测量过程总不可避免地出现测量误差，测量误差越大，说明测量结果离真值_________，精度_______；反之，误差________，精度________。

5. 尺寸主要分为______________和______________两种。

6. 在实际测量中，常用_________________代替被测量的真值。

二、选择题（将正确答案的代号填入括号内）

1. 一个完整的测量过程应包括的四个方面是（　　）。

A. 被测对象、计量器具、计量单位和测量方法

B. 被测对象、计量单位、测量方法和测量精度

C. 被计量器具、计量单位、计量方法和测量条件

D. 被测对象、计量器具、测量方法和测量精度

2. 为了保证测量过程中计量单位的统一，我国法定计量单位的基础是（　　）。

A. 公制　　B. 国际单位制

C. 公制和英制　　D. 公制和市制

三、简答题

1. 测量的概念是什么？它包括哪几个要素？

2. 什么是测量误差？测量误差产生的原因有哪些？

1-2 游标卡尺基础知识

一、填空题（将正确答案填写在横线上）

1. 使用游标卡尺可以直接测量出工件的____________、________、________、________、________等。

2. 游标卡尺的读数部分由__________与__________组成，其原理是利用__________刻线间距和__________刻线间距之差进行小数部分的读数。

3. 若一游标卡尺的分度值为 0.02 mm，则其游标尺刻线间距为________ mm，主标尺刻线间距为________ mm。

二、判断题（正确的打"√"，错误的打"×"）

1. 分度值为 0.02 mm 的游标卡尺，主标尺上 50 格的长度与游标尺上 49 格的长度相等。（　）

2. 分度值为 0.02 mm 的游标卡尺，主标尺上的刻线间距比游标尺上的刻线间距大 0.02 mm。（　）

3. 如游标卡尺内、外测量爪合拢时，游标尺零线与主标尺零线未对齐，则使用此游标卡尺测量时会产生误差。（　）

4. 游标卡尺是一种使用广泛的通用量具，无论何种游标卡尺均不能用于划线，以免影响其精度。（　）

5. 游标卡尺是利用主标尺刻线间距和游标尺刻线间距之差进行小数部分读数的。差值越小，游标卡尺的测量精度越高。

（　）

三、简答题

1. 使用游标卡尺的注意事项有哪些？

2. 试述游标卡尺维护与保养的方法。

1-2（续）

3. 读出下图所示 0.05 mm 游标卡尺所表示的读数。

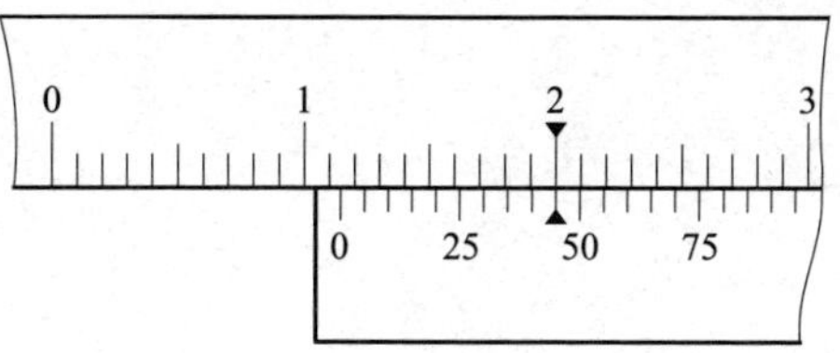

4. 读出下图所示 0.02 mm 游标卡尺所表示的读数。

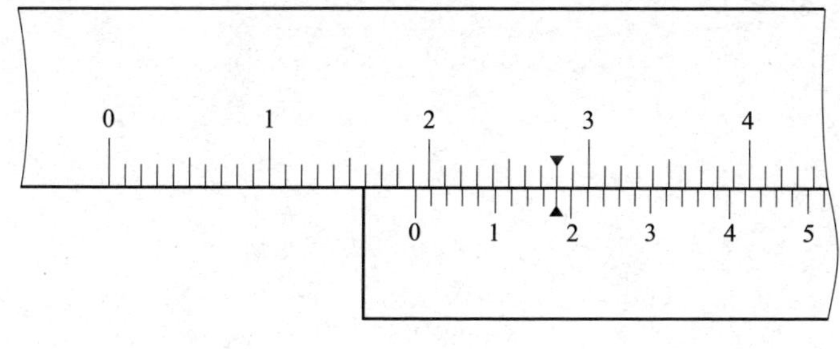

5. 分析下图中游标卡尺量爪错误的测量位置对测量值的影响。

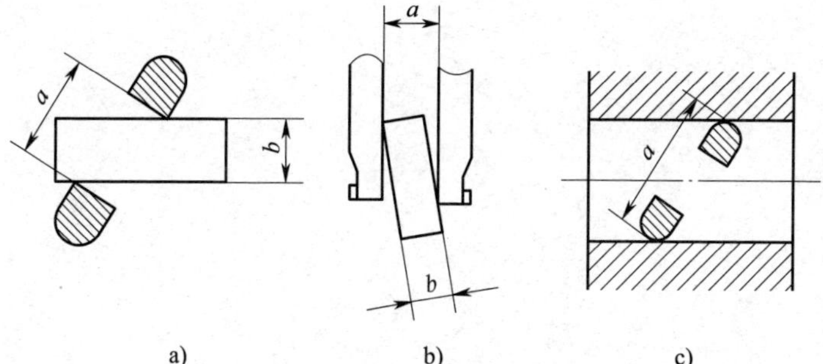

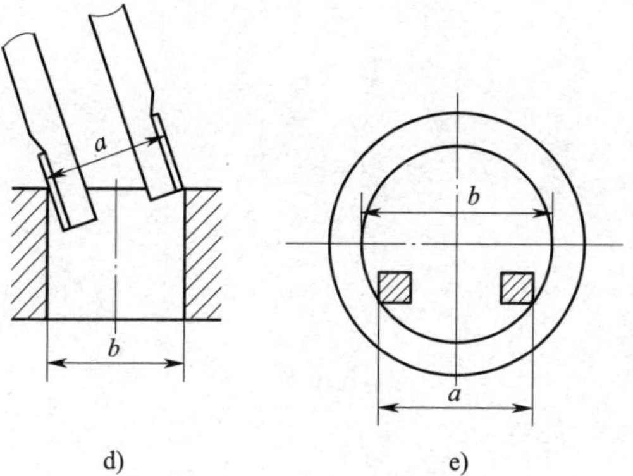

1-3 千分尺基础知识

一、填空题（将正确答案填写在横线上）

1. 外径千分尺一般由________、________、________和________等部分组成。

2. 外径千分尺测微螺杆的螺距一般为 0.5 mm，当微分筒转一周时，测微螺杆的轴向位移是______ mm。微分筒外圆周上刻有______等份的刻线，此千分尺的分度值是______ mm。

3. 常用外径千分尺的测量范围为______ mm、______ mm、________ mm 等多种。测量直径为 33 mm 的轴径所用外径千分尺的测量范围是________ mm。

4. 若外径千分尺校对零位时其读数为+0.005 mm，测量轴径时的读数为 21.003 mm，则轴径的实际尺寸为______ mm。

二、判断题（正确的打“√”，错误的打“×”）

1. 外径千分尺测微螺杆的移动量一般为 25 mm，因而其测量范围的起、止数值一般为 25 mm 的整数倍。（　）

2. 外径千分尺测微螺杆的螺距为 0.5 mm，微分筒外圆周上刻有 50 等份的刻线，因而千分尺的分度值为 0.5 mm/50=0.01 mm。（　）

3. 外径千分尺是利用螺旋副的运动原理进行测量的，因而测量精度高，主要用于高精度测量。（　）

4. 外径千分尺的分度值均为千分之一毫米，即 0.001 mm。（　）

5. 千分尺使用前必须校对零位。（　）

三、选择题（将正确答案的代号填入括号内）

1. 外径千分尺零位不准时可采取的措施是（　）。

A. 测量中读数时修正零位偏差值

B. 自己将差值调整过来

C. 送计量部门修理

2. 若外径千分尺测微螺杆的螺距为 0.5 mm，则微分筒外圆周上的刻线为（　）等份。

A. 50　B. 100　C. 10　D. 20

3. 下列选项中关于外径千分尺的特点叙述错误的是（　）。

A. 使用灵活，读数准确

B. 测量精度比游标卡尺高

C. 测量范围广泛

D. 螺旋副的精度很高，因而适用于测量精度要求较高的零件

四、简答题

1. 读出下图外径千分尺所表示的数值。

a)

b)

1-3（续）

2. 试述千分尺调整零位的步骤。

1-4 游标万能角度尺基础知识

一、填空题（将正确答案填写在横线上）

1. 游标万能角度尺是用来测量工件____________________的量具，按其游标尺分度值不同可分为________和________两种。

2. 游标万能角度尺的主尺上有四排刻度。测量____________角时，用主尺上第一排刻度读数；测量________________角时，用主尺上第二排刻度读数；测量________________角时，用主尺上第三排刻度读数；测量________________角时，用主尺上第四排刻度读数。

3. 分度值为2′的游标万能角度尺中，游标尺上________格的弧长对应于主尺上________格的弧长。

二、判断题（正确的打“√”，错误的打“×”）

1. 游标万能角度尺的刻线原理与游标卡尺相同。（ ）

2. 由于游标万能角度尺是万能的，因而它能测量出0°～360°之间任何角度的数值。（ ）

3. 分度值为2′的游标万能角度尺中，其主尺上30格的弧长与游标尺上29格的弧长相等。（ ）

4. 利用游标万能角度尺直尺、直角尺、基尺和扇形板测量面各种不同形式的组合，可以测量0°～320°间的任意角度。（ ）

三、选择题（将正确答案的代号填入括号内）

1. 用分度值为 2′和 5′的游标万能角度尺测量不为整度数的同一角度，所测得的两个测量结果（　　）。

A. 相同　　B. 不同

C. 数值相同，但测量精度不同

D. 无法确定两者是否相同

2. 将游标万能角度尺的直尺、直角尺和卡块全部取下，利用基尺和扇形板的测量面进行测量，所测量角度的范围为（　　）。

A. 0°～50°　　B. 50°～140°

C. 140°～230°　　D. 230°～320°

四、简答题

读出下图所示游标万能角度尺所表示的被测角度的数值。

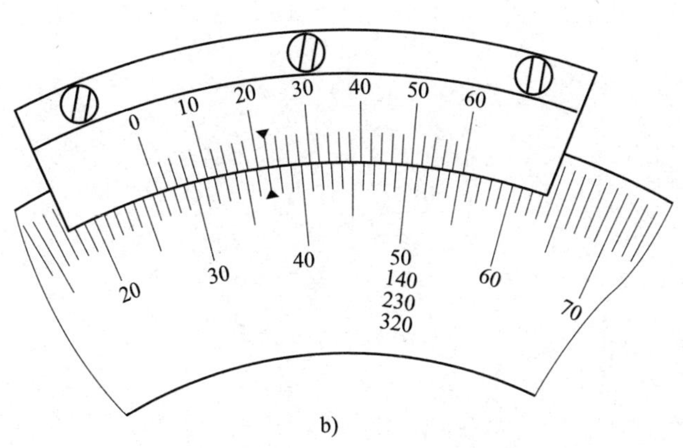

b)

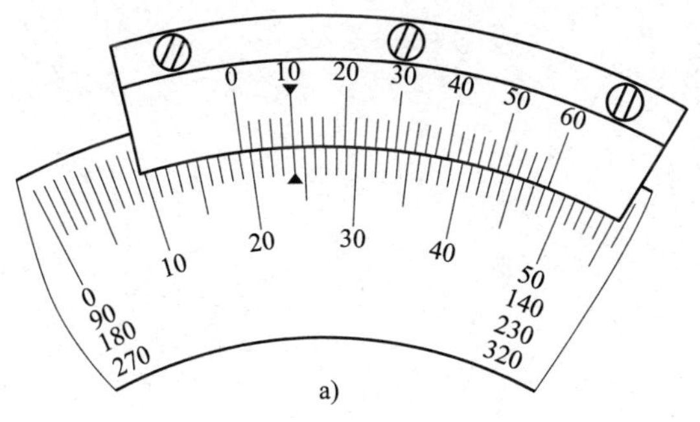

a)

课题二　图样基本知识

2-1　按左图的示样，在右边进行图线和箭头的练习

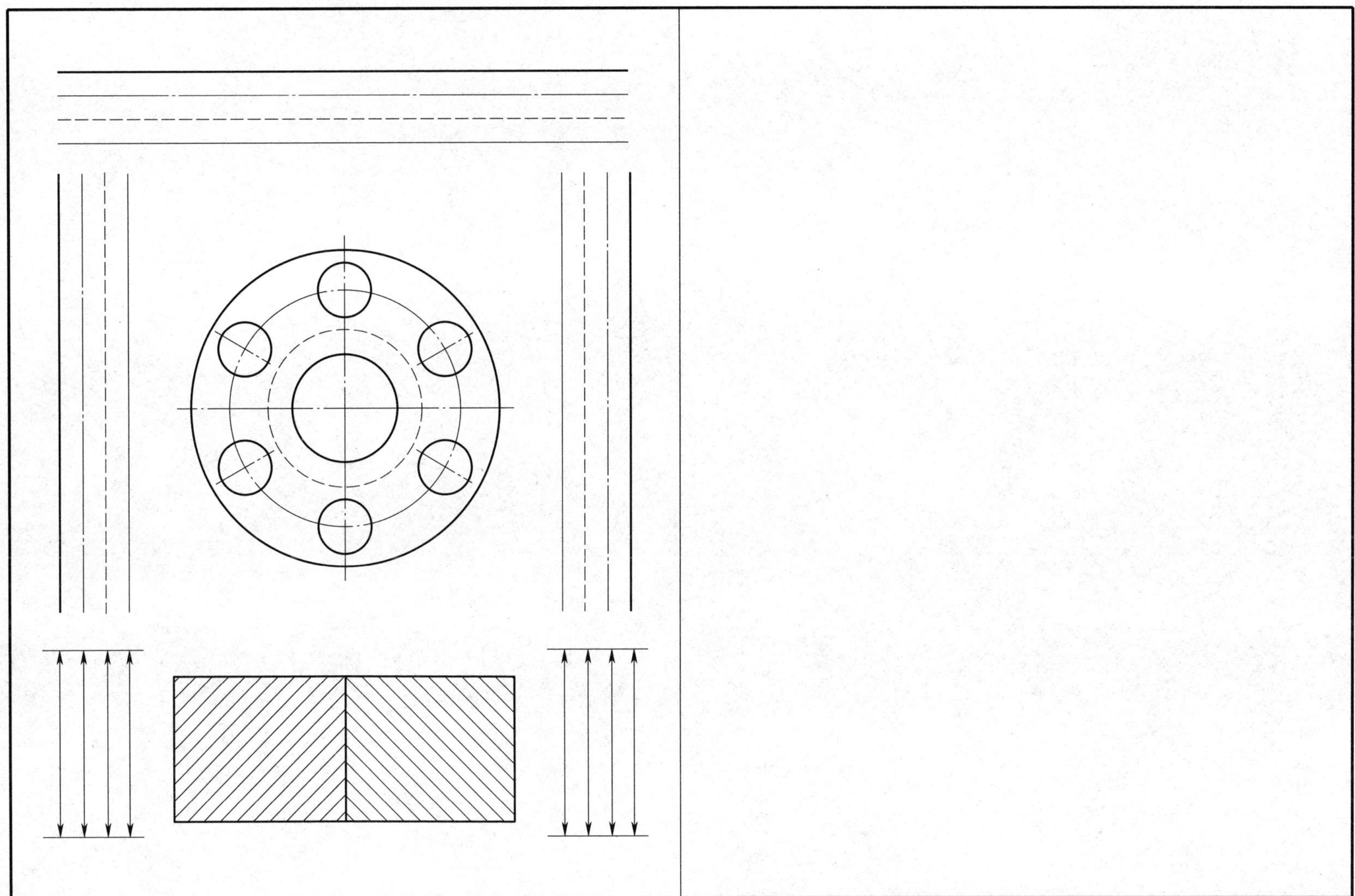

2-2 字体练习

1. 汉字

丁字尺头紧靠图板可上下移动铅笔由左向右稍倾斜

2. 数字

1 2 3 4 5 6 7 8 9 0

3. 拉丁字母

大写

ABCDEFGHIJKLMNOPQRSTUVWXYZ

小写

abcdefghijklmnopqrstuvwxyz

2-3 尺寸注法

1. 检查左图中尺寸注法的错误，将正确注法注在右图中。

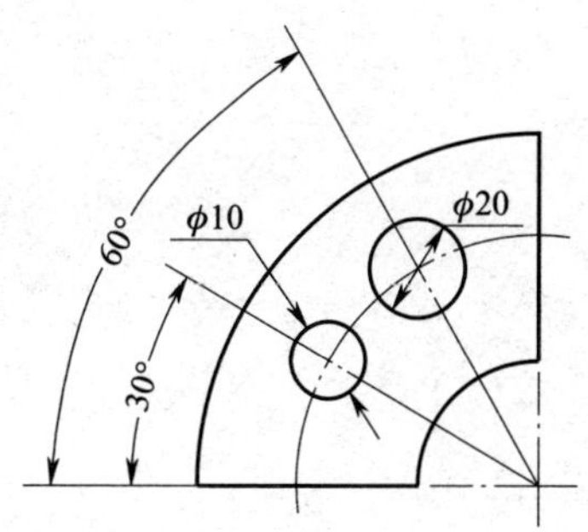

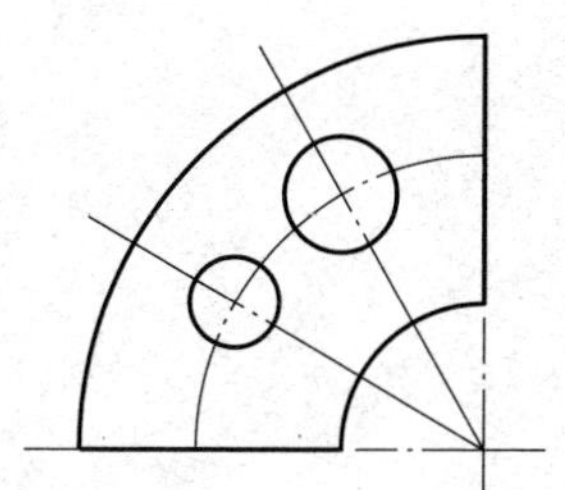

2. 填写尺寸数字（下图是按 1∶2 的比例绘制的)。

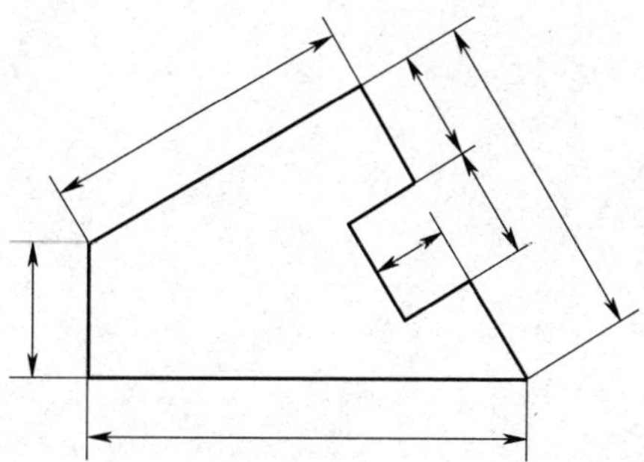

3. 将左图中的尺寸标注在右图中。

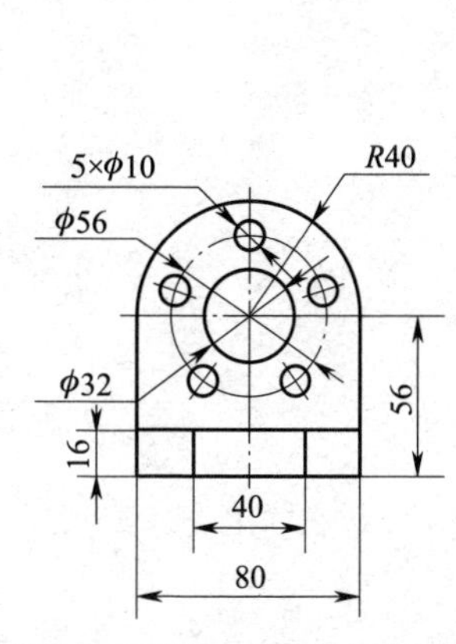

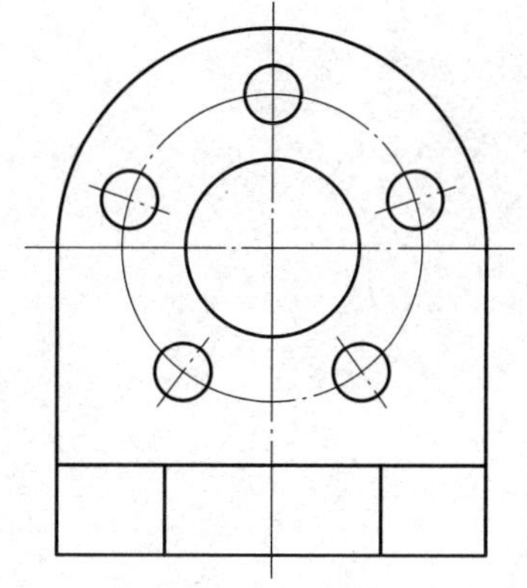

4. 分析下图中小尺寸的各种注法，并在相应的图中模仿注出。

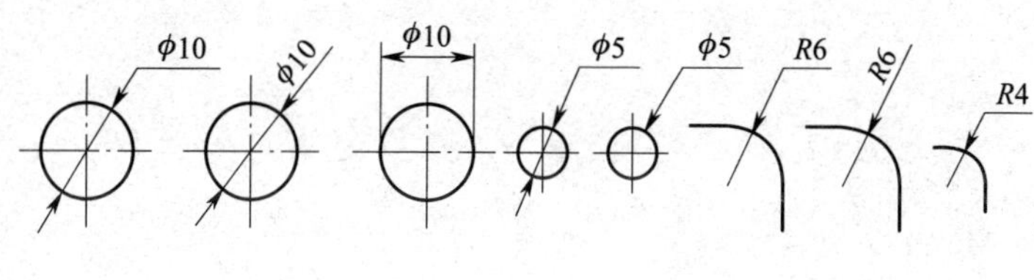

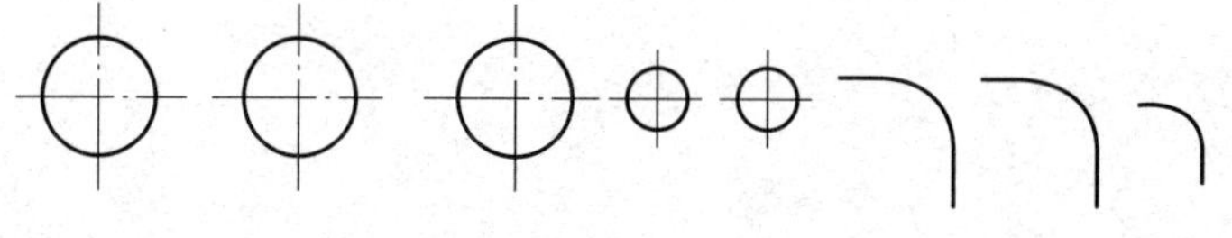

课题三　投影基本知识

3-1　对照立体图，在括号内填写立体的“六向”方位关系，并完成填空题

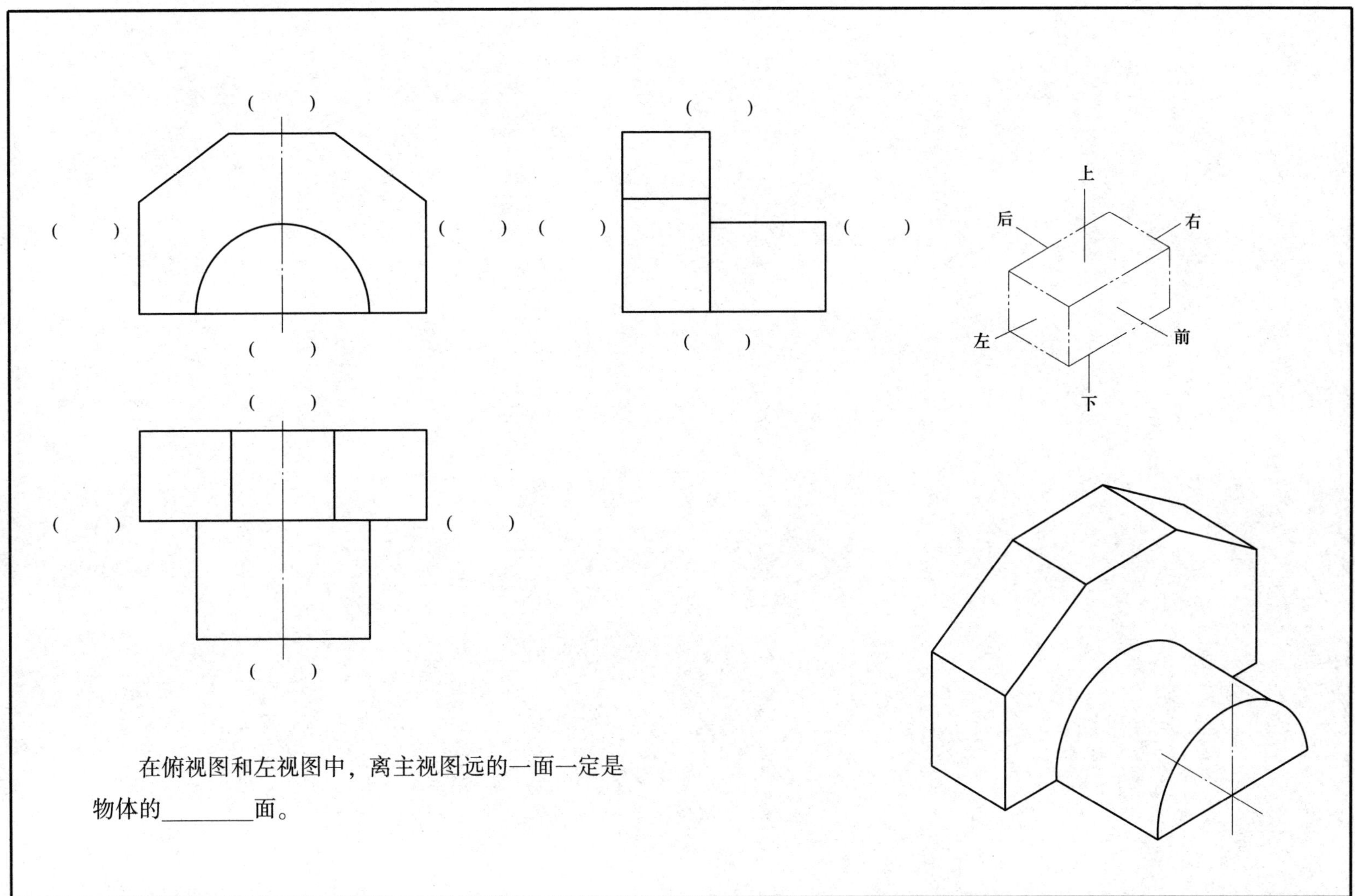

在俯视图和左视图中，离主视图远的一面一定是物体的________面。

3-2　对照立体图，在括号内填写视图长、宽、高的“三等”对应关系

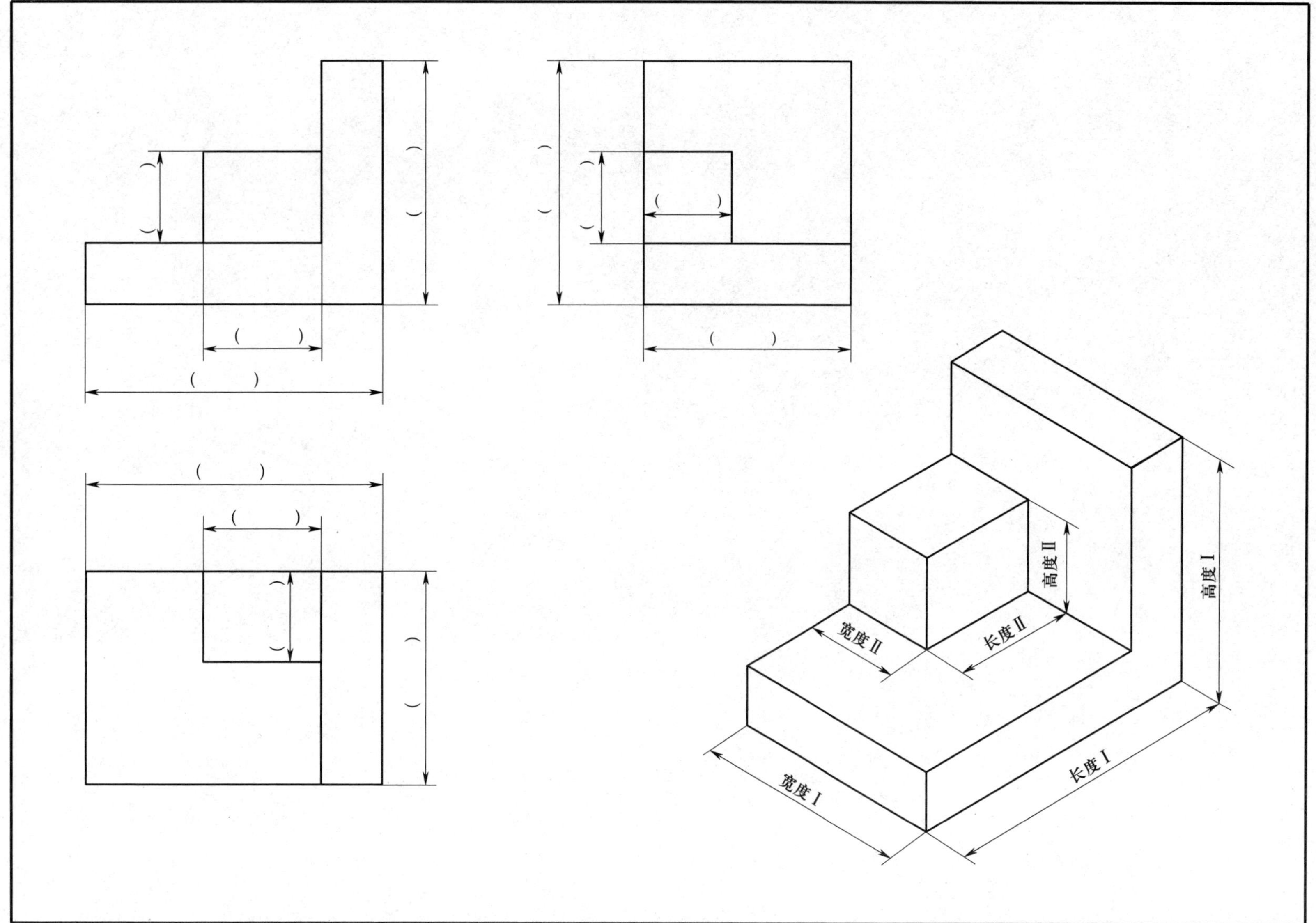

3-3　由立体图找出对应的三视图，并在图中括号内注出对应的编号

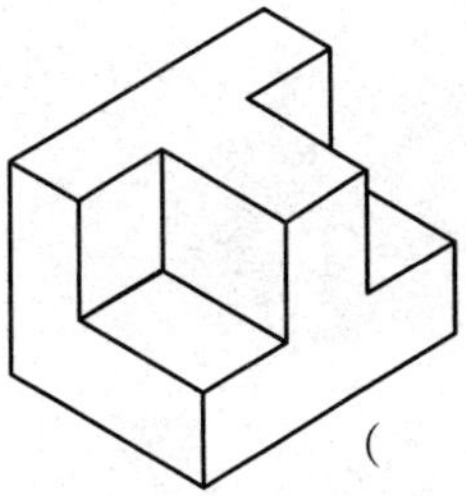

(　　)　(　　)

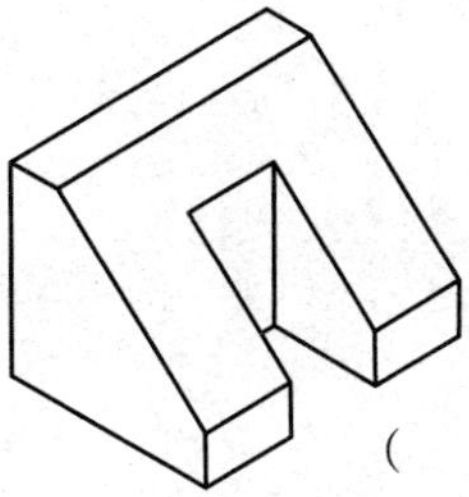

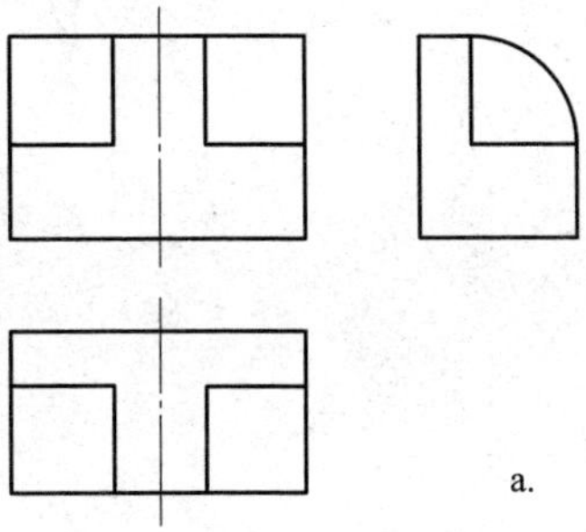

a. 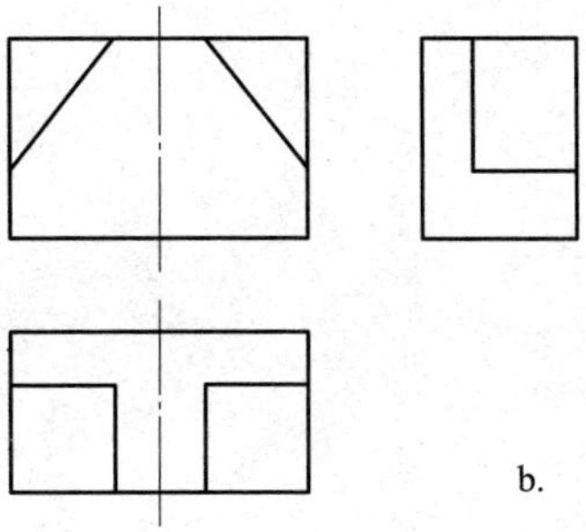　b.

(　　)　(　　)

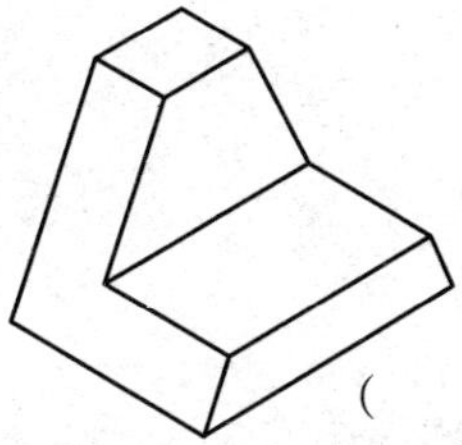

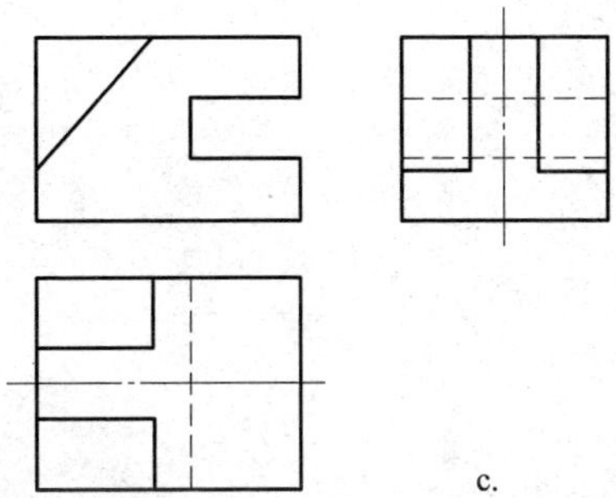

c. 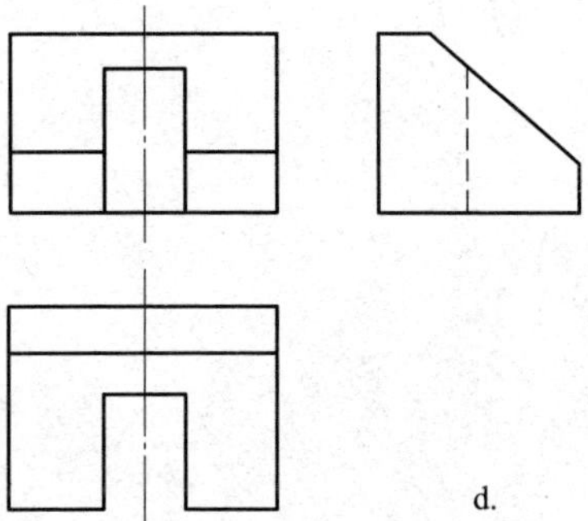　d.

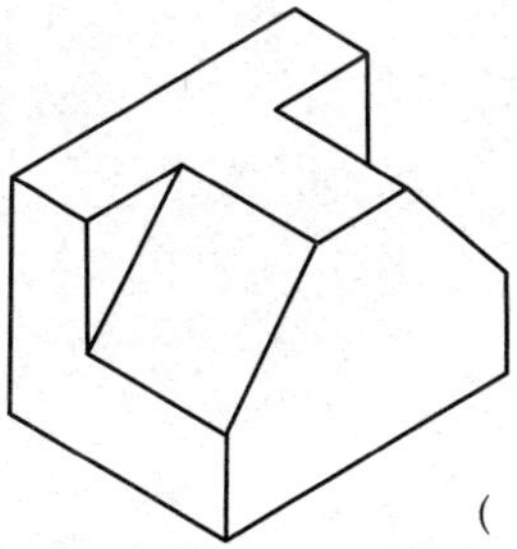

(　　)　(　　)

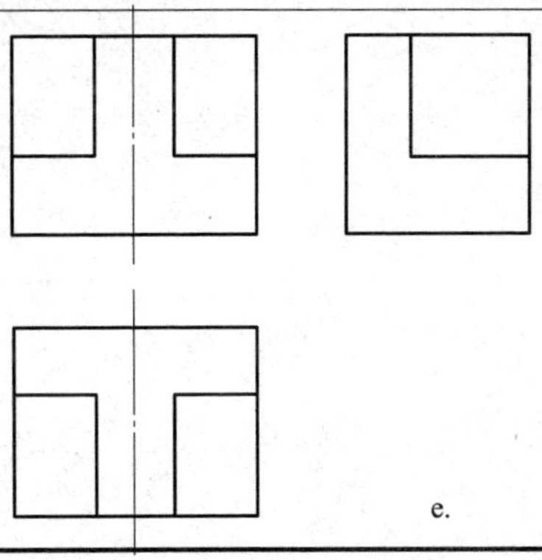

e. 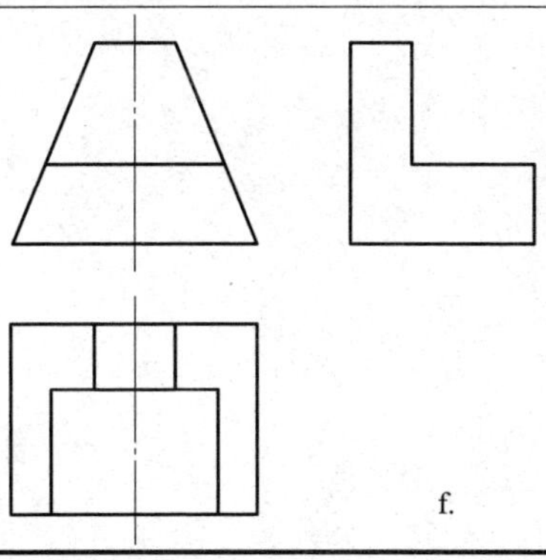　f.

3-4　根据立体图，按 1：1 的比例画出其三视图（尺寸从图中量取，取整数）

1.	2.
3.	4.

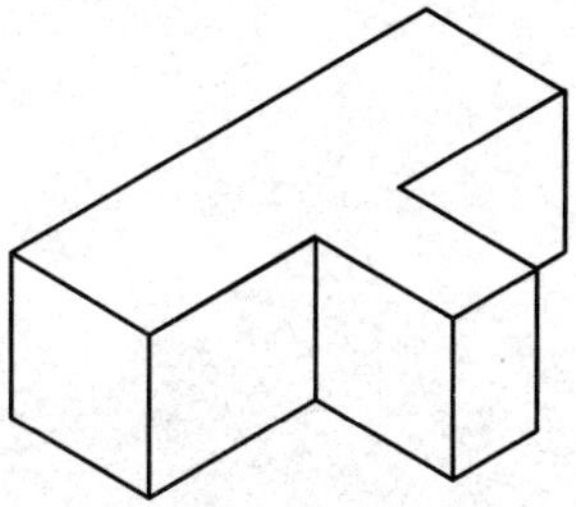

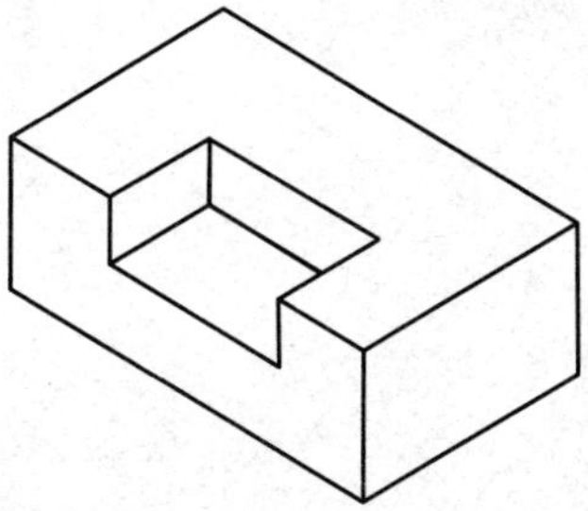

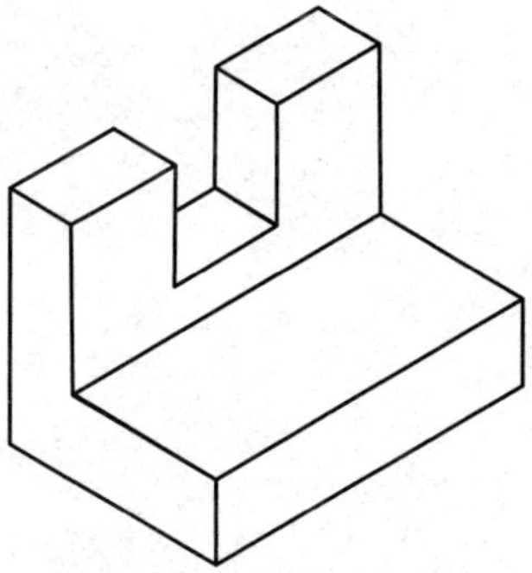

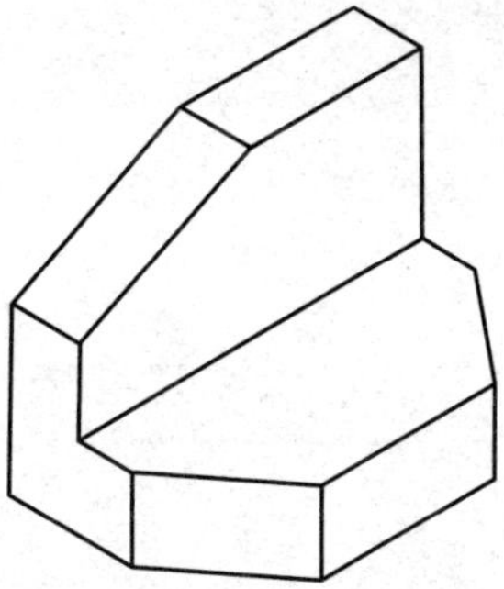

3-5　参照立体图补全三视图，并完成填空题（3、4 两题尺寸从图中量取，取整数）

1.

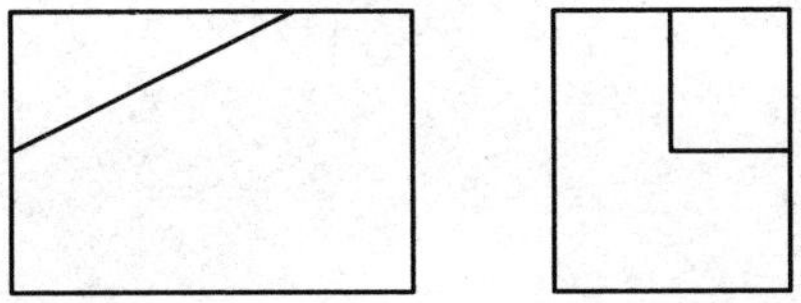

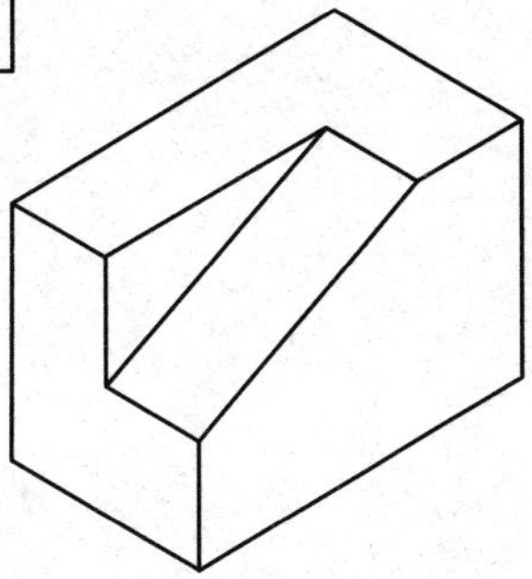

俯视图与主视图应保持________，

俯视图与左视图应保持________。

2.

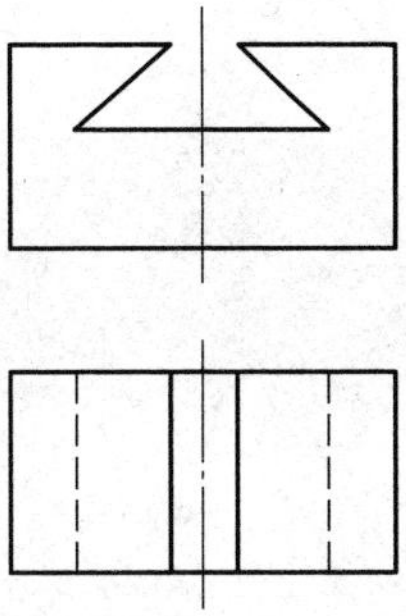

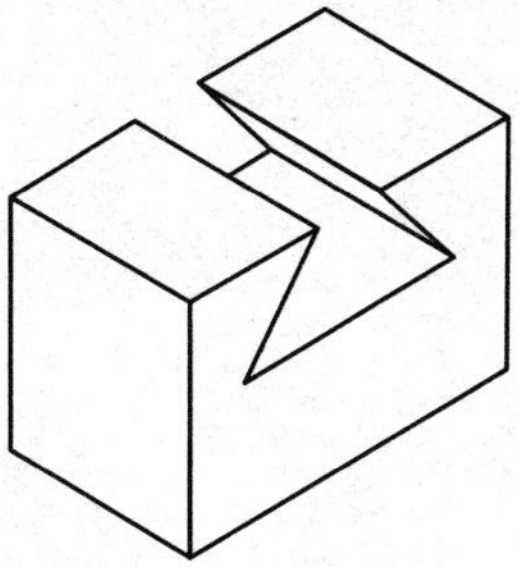

左视图与主视图应保持________，

左视图与俯视图应保持________。

3.

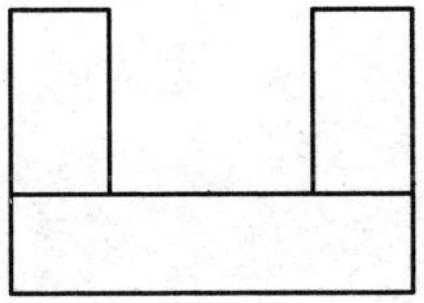

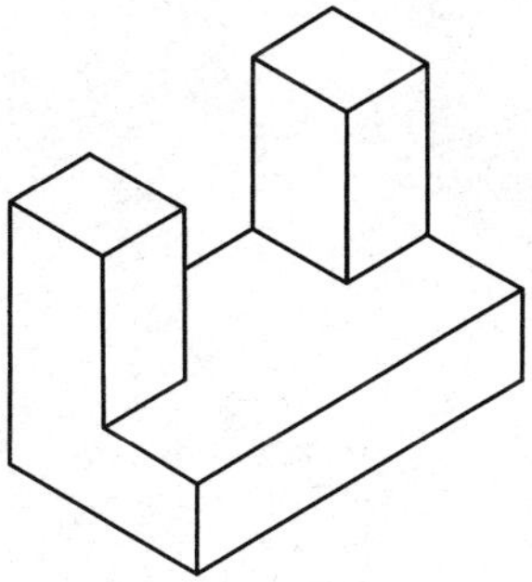

4.

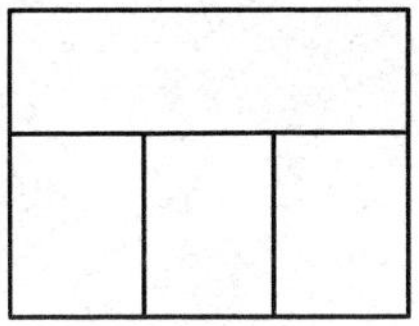

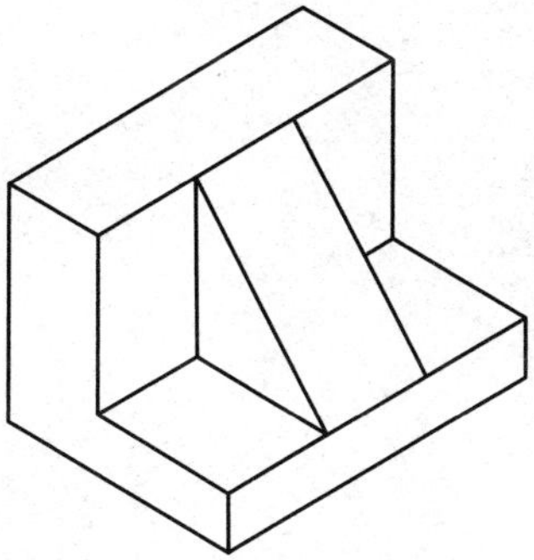

3-6　点的投影

1. 作出 A 点的三面投影图（尺寸从图中量取，取整数）。

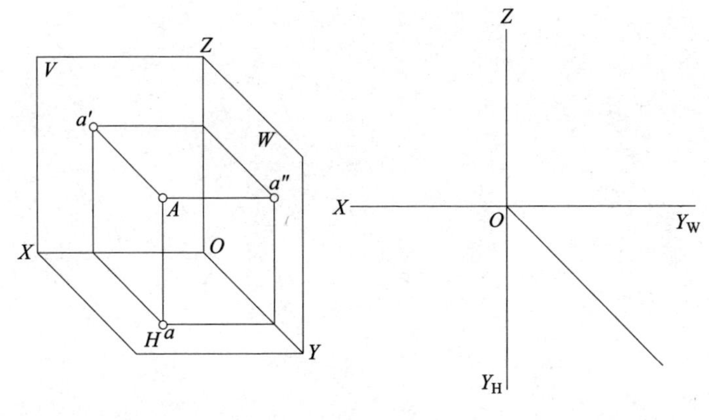

2. 作出 A 点的直观图（尺寸从图中量取，取整数）。

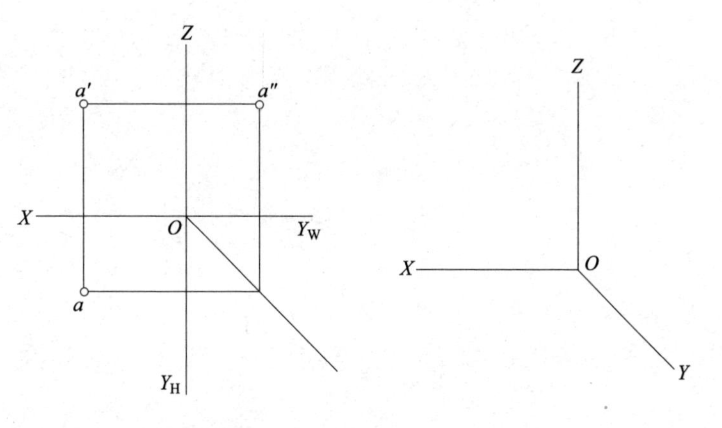

3. 比较两点的位置。

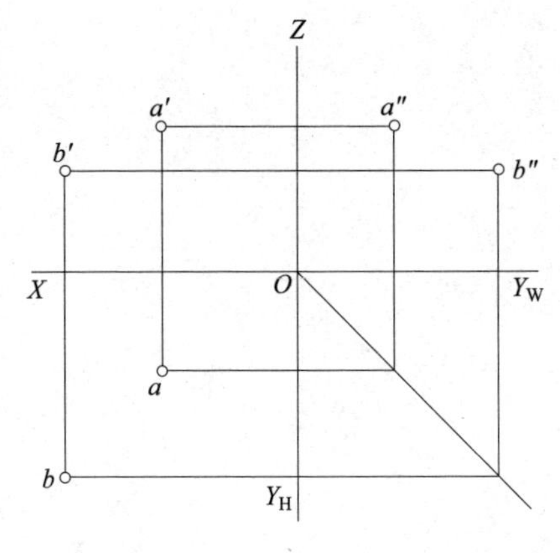

比高低：

A ____ B ____；

比左右：

A ____ B ____；

比前后：

A ____ B ____。

4. 根据坐标作点的三面投影图，A（22，15，10），B（5，12，0）。

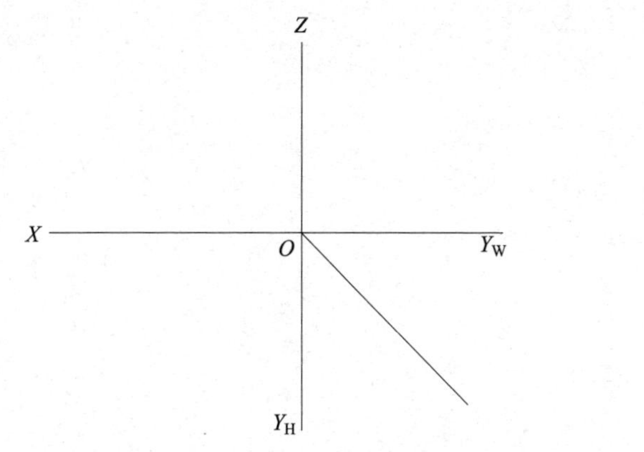

3-7 已知点的两面投影，求作第三面投影，并完成填空题

1.

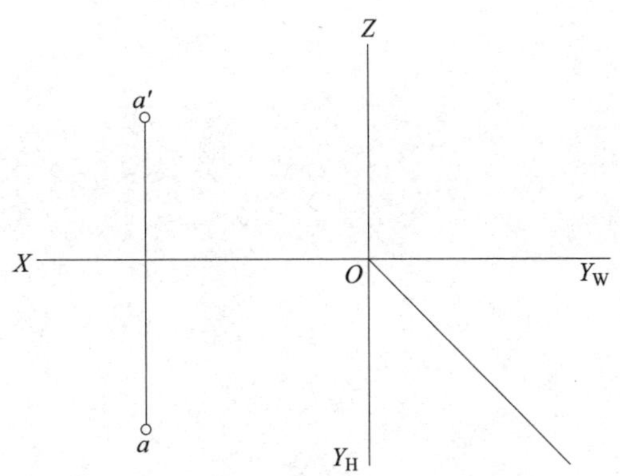

A 点距离 V 面________ mm，距离 H 面________ mm，距离 W 面________ mm。

2.

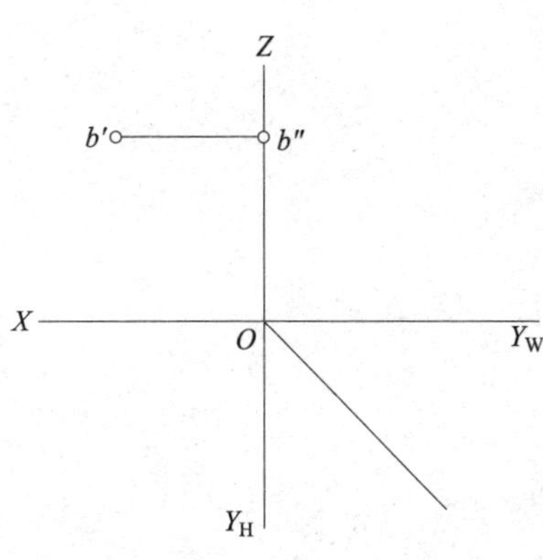

B 点在________投影面上。

3.

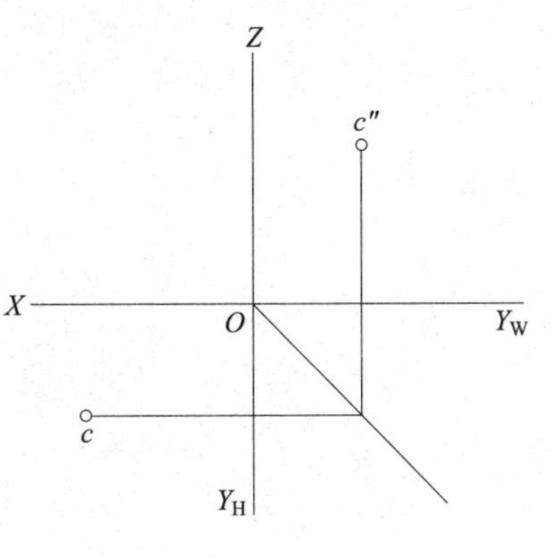

C 点的坐标为（　　，　　，　　）。

4.

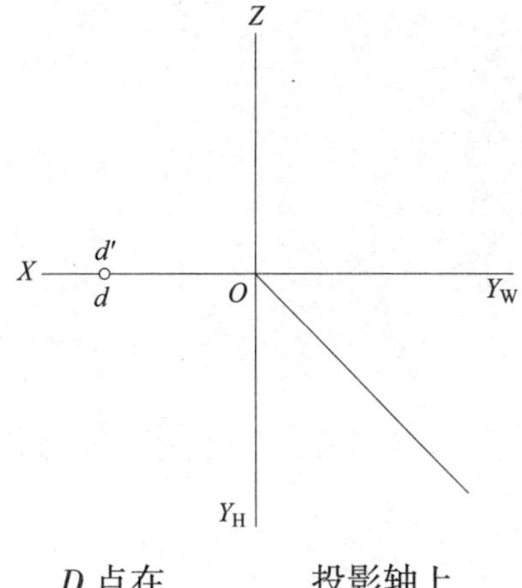

D 点在________投影轴上。

3-8　根据已知条件画全直线的三面投影，并完成填空题

1.

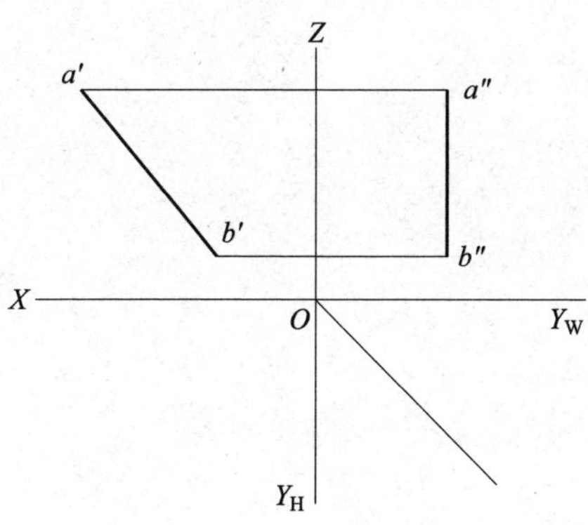

直线 *AB* 相对 *V* 面________、*H* 面________、*W* 面________（在相对位置平行、倾斜或垂直中任选其一）。

AB 是________线，________投影反映实长。

2.

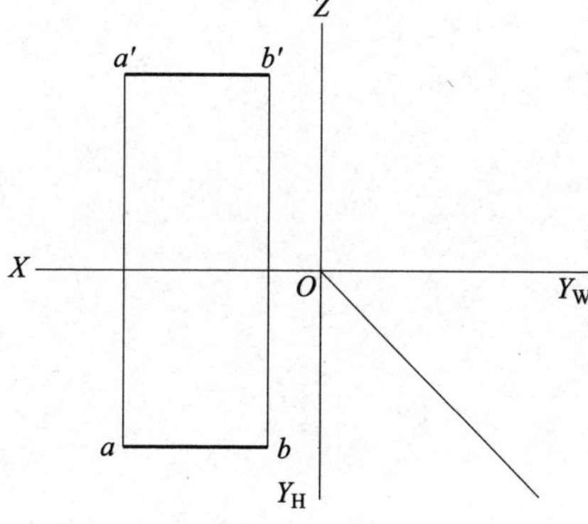

直线 *AB* 相对 *V* 面________、*H* 面________、*W* 面________（在相对位置平行、倾斜或垂直中任选其一）。

AB 是________线，________、________投影反映实长。

3.

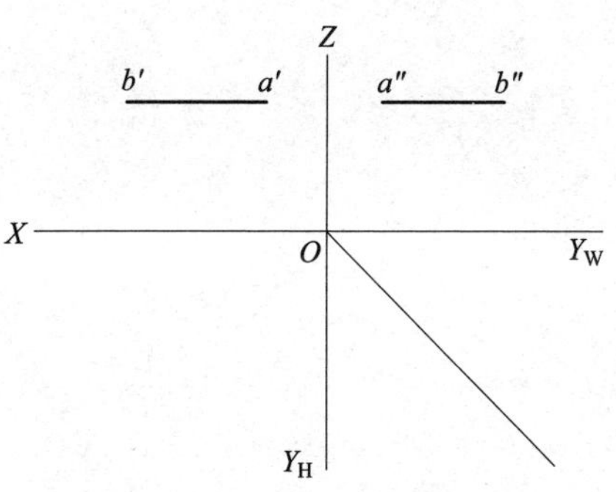

AB 是________线，*AB* 的实长是________ mm。

4.

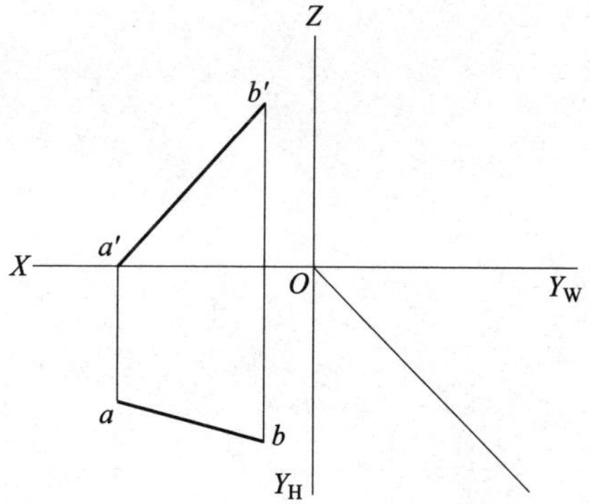

AB 是____________________线，三个投影都比实长________（长/短）。

3-9　直线的投影

1. 已知侧平线 *AB* 的长为 20 mm，求作其三面投影。

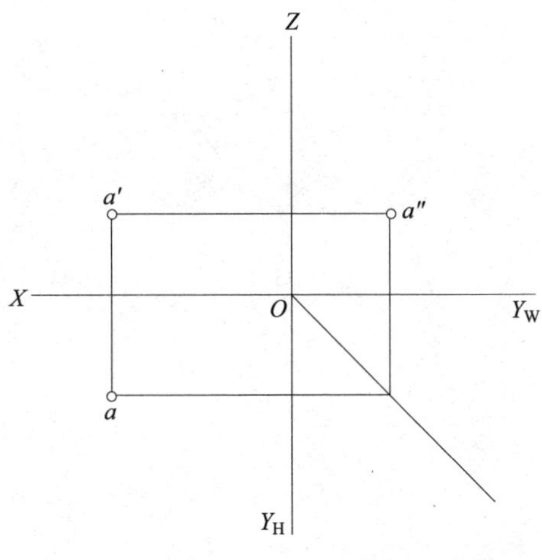

2. 已知铅垂线 *AB* 的长为 25 mm，求作其三面投影。

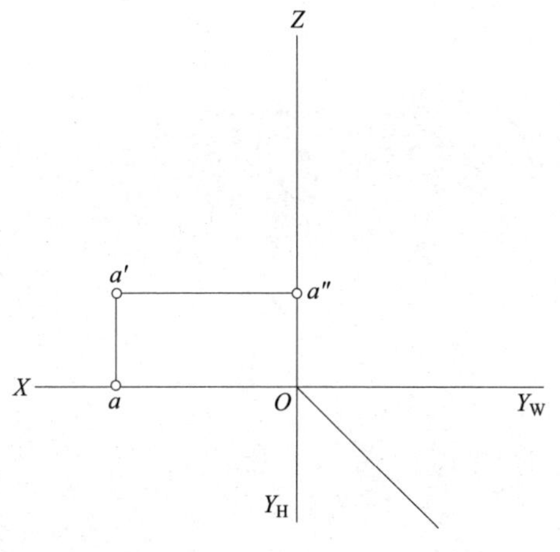

3. 已知 *A*（20，8，0），*B*（5，15，0），求作直线 *AB* 的三面投影。

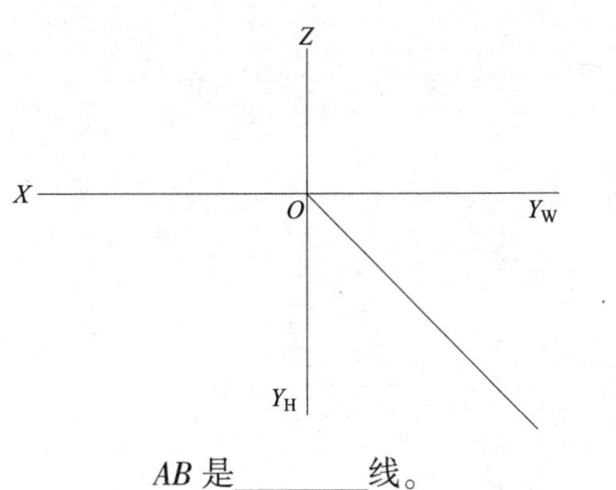

AB 是________线。

4. 已知 *A*（15，5，5），*B*（5，15，15），求作直线 *AB* 的三面投影。

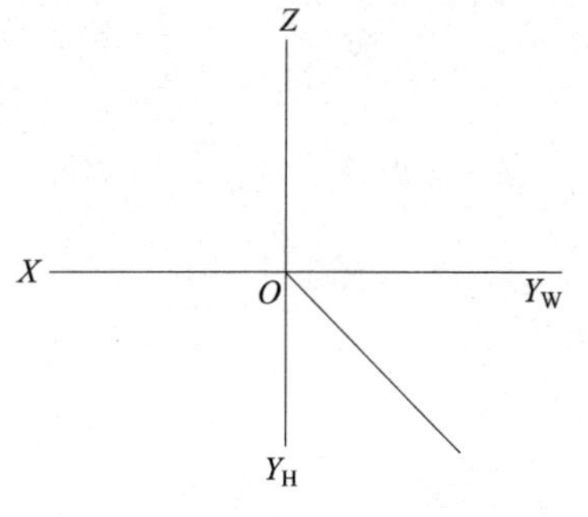

AB 是____________________线。

3-10　根据已知条件画全平面的三面投影，并完成填空题

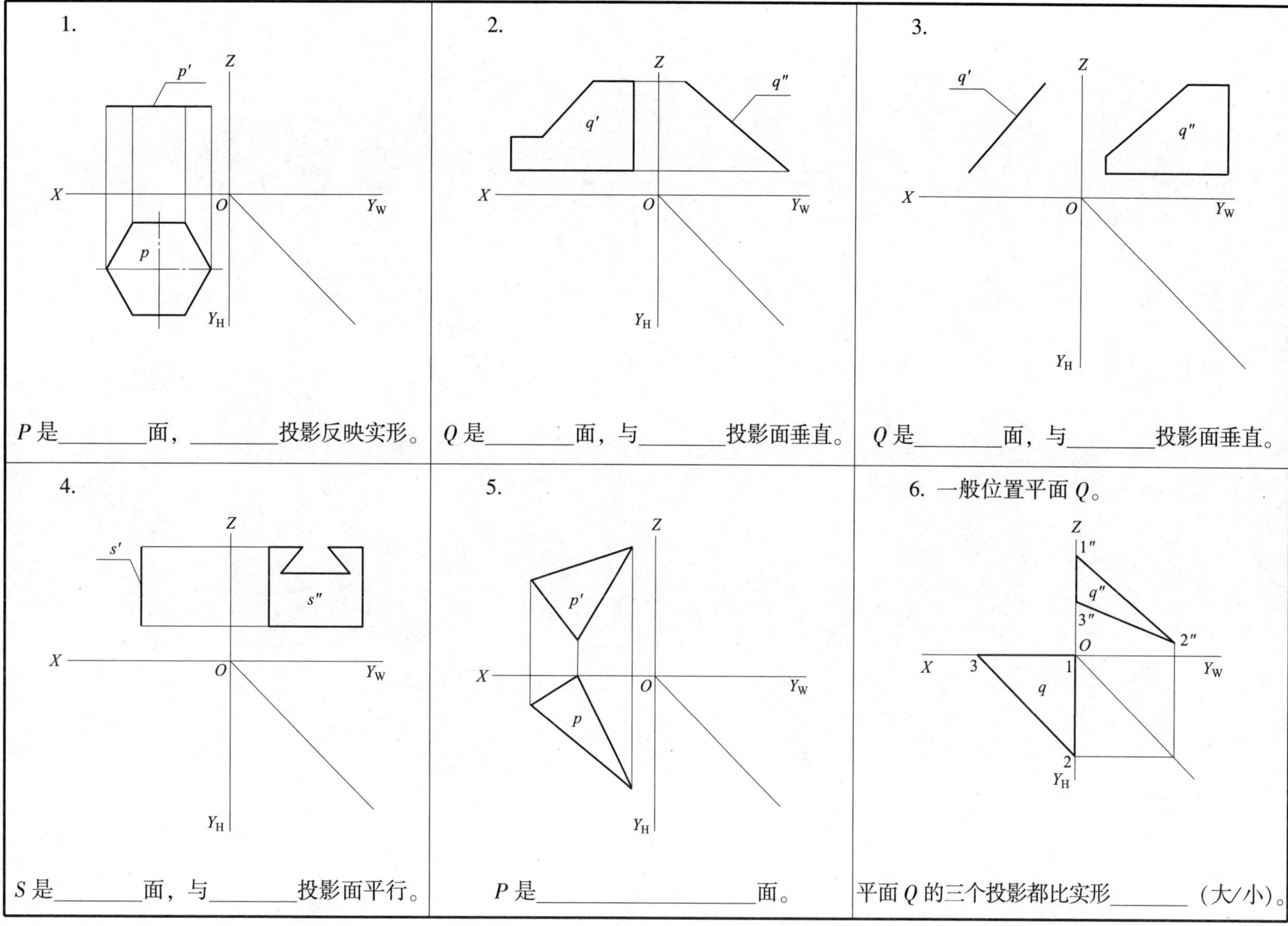

3-11　根据直线或平面的一个投影求其他两个投影，在立体图上注出它们的位置，并完成填空题

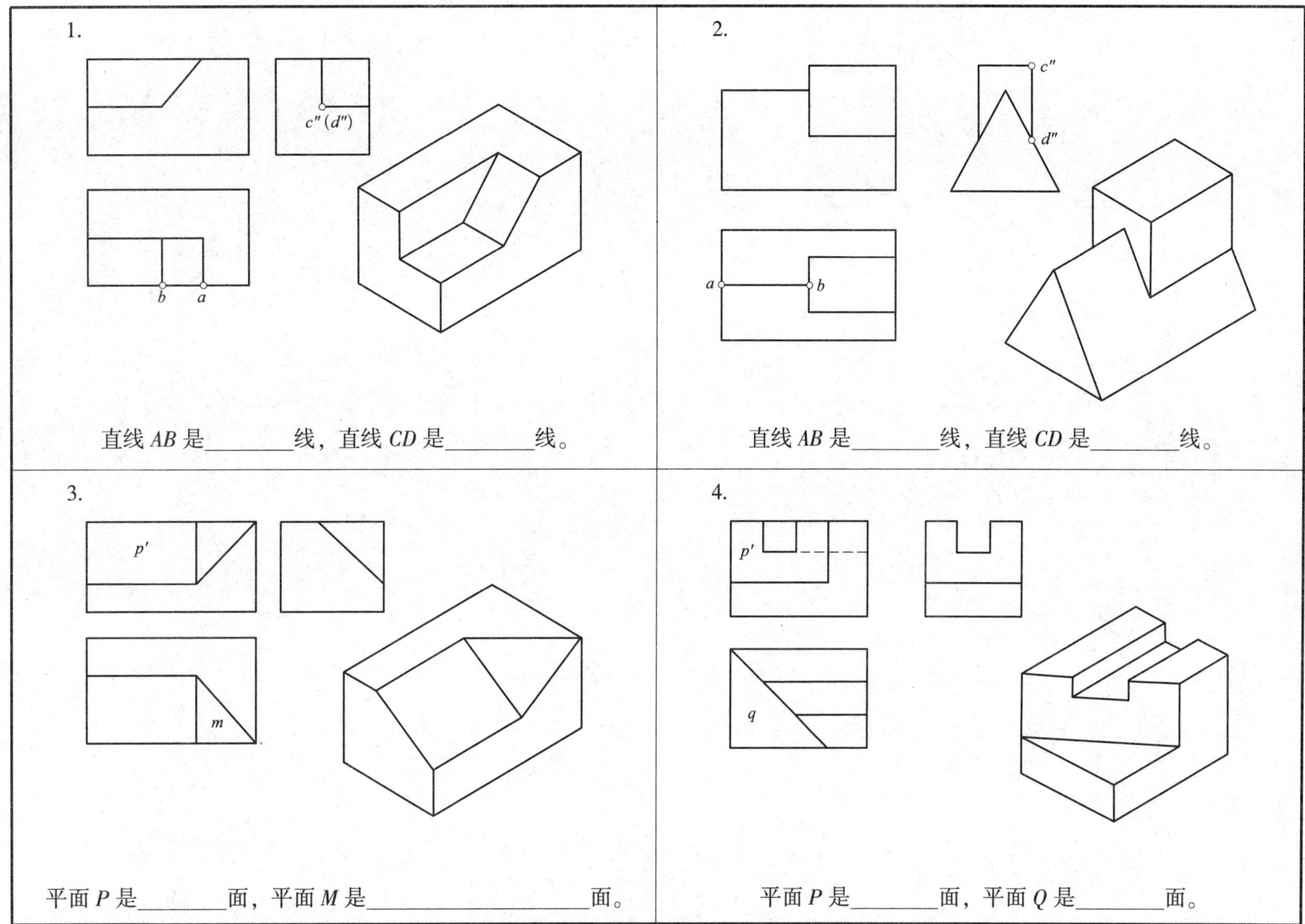

1. 直线 *AB* 是________线，直线 *CD* 是________线。

2. 直线 *AB* 是________线，直线 *CD* 是________线。

3. 平面 *P* 是________面，平面 *M* 是____________________面。

4. 平面 *P* 是________面，平面 *Q* 是________面。

3-12 平面的投影

1. 根据给定条件画全平面的三面投影，并完成填空题。

（1）侧平面 S。

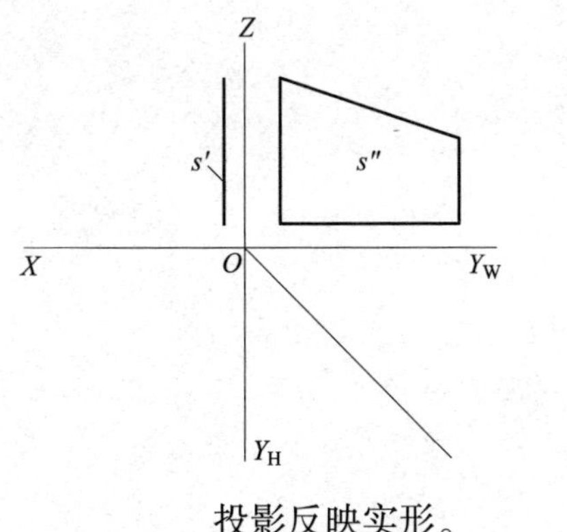

________投影反映实形。

（2）铅垂面 P。

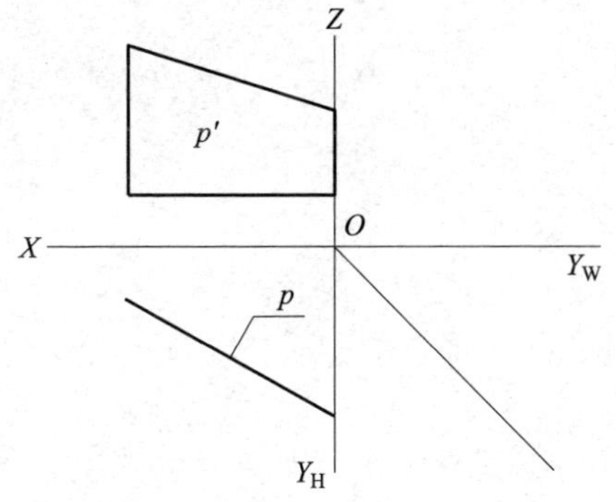

P 与________投影面垂直，________投影积聚为直线。

2. 参考立体图注出平面 P、Q 和直线 AB、CD 的三面投影，并根据它们对投影面的相对位置完成填空题。

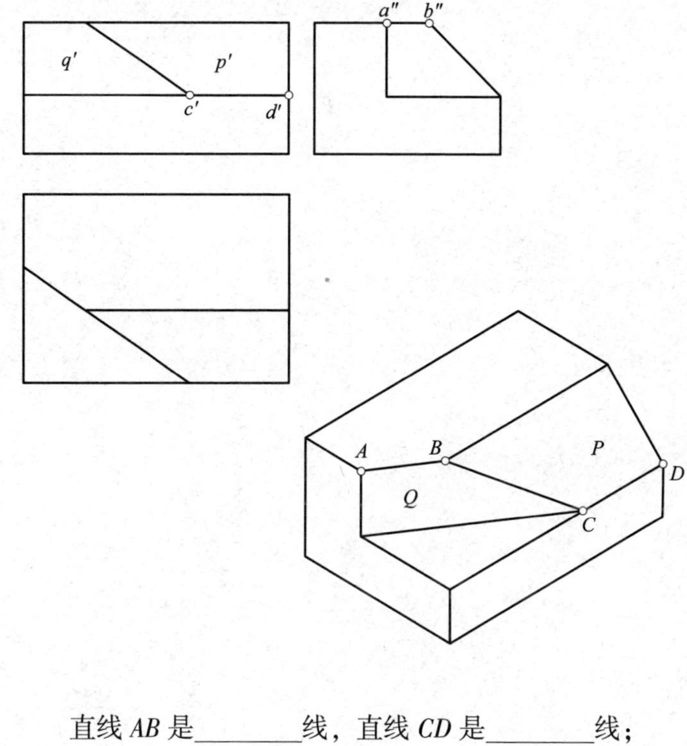

直线 AB 是________线，直线 CD 是________线；

平面 P 是________面，平面 Q 是________面。

3-13　参考立体图注出平面 P、Q 和直线 AB、CD 的三面投影，并根据它们对投影面的相对位置完成填空题

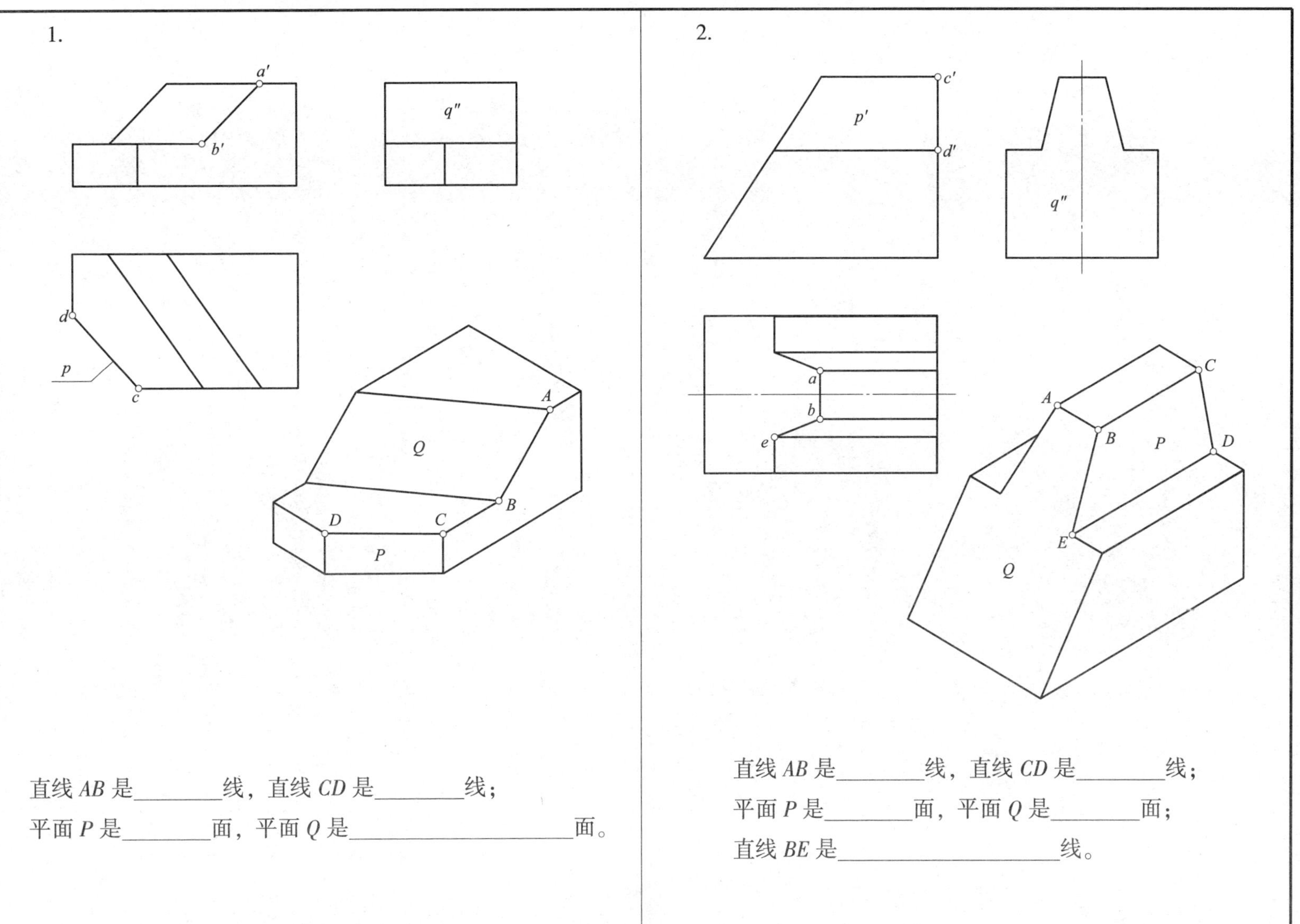

1. 直线 AB 是________线，直线 CD 是________线；
平面 P 是________面，平面 Q 是____________________面。

2. 直线 AB 是________线，直线 CD 是________线；
平面 P 是________面，平面 Q 是________面；
直线 BE 是____________________线。

课题四　基本几何体

4-1　平面立体三视图

1. 完成长方体的三视图，求出表面点的三面投影并标注尺寸（尺寸从图中量取，取整数）。

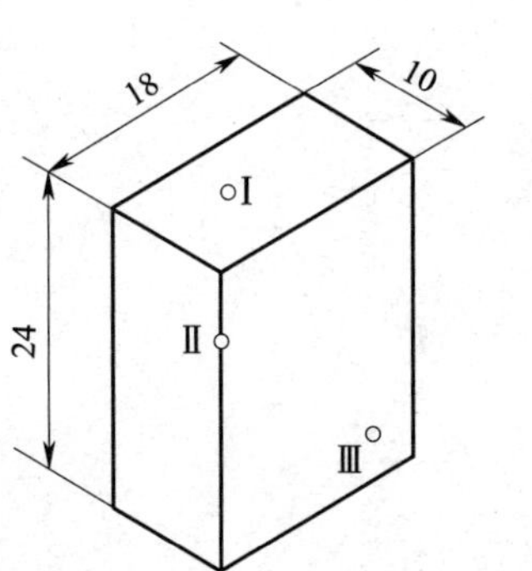

2. 画全三棱柱的三视图，求出表面点的其余两面投影并标注尺寸（尺寸从图中量取，取整数）。

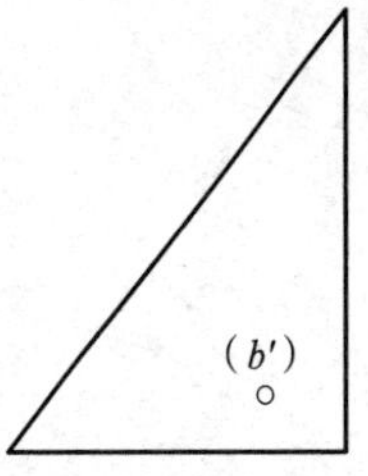

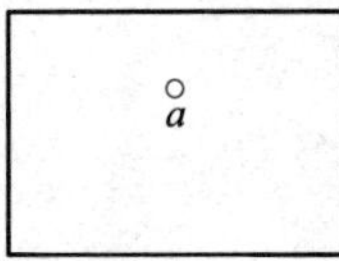

3. 画全六棱柱的三视图，求出表面点的其余两面投影并标注尺寸（尺寸从图中量取，取整数）。

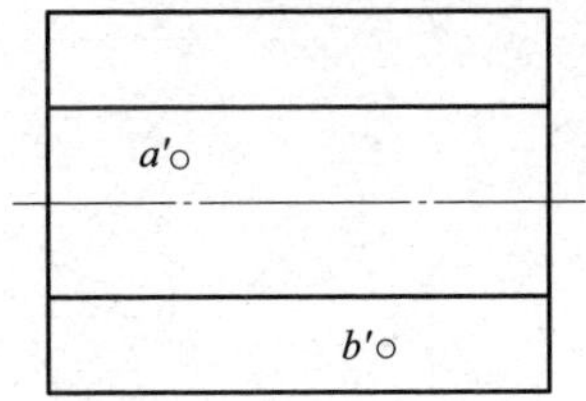

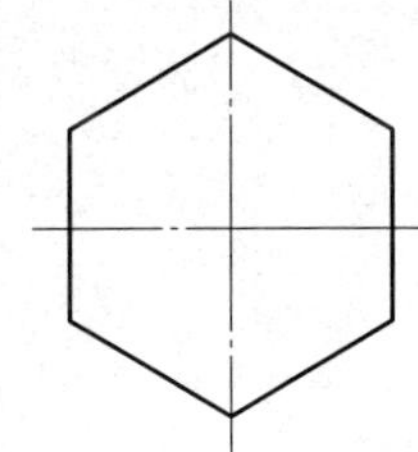

4. 画全几何体的三视图，并求出表面点的其余两面投影。

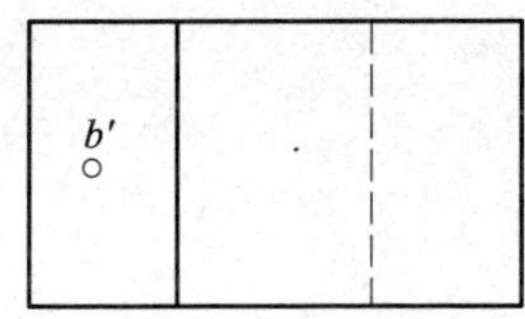

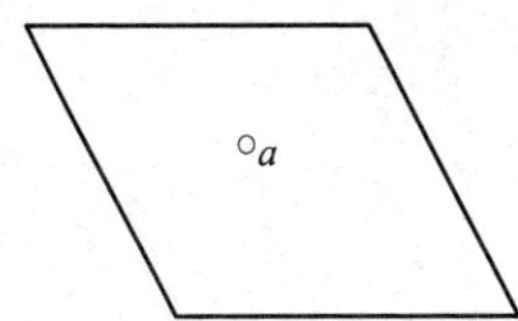

4-1（续）

5. 完成正四棱锥的三视图。

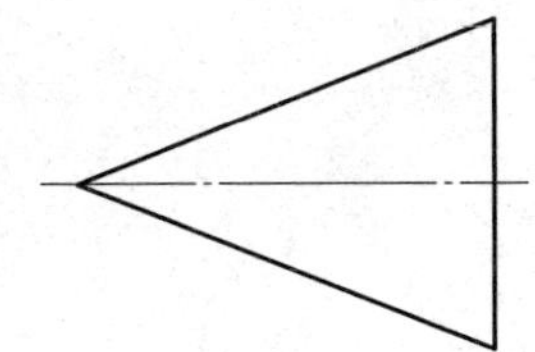

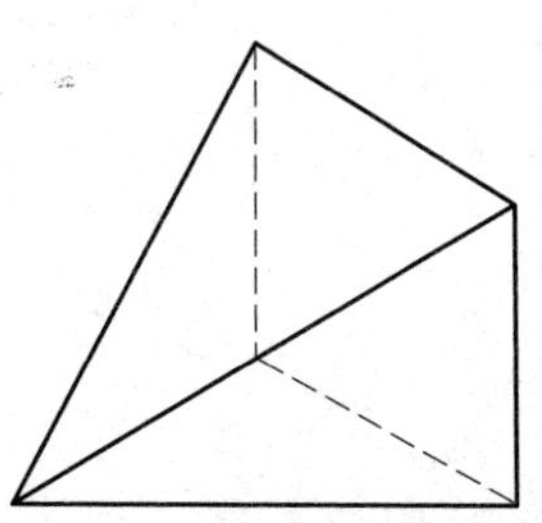

6. 完成正四棱台的三视图，求出表面点的三面投影并标注尺寸。

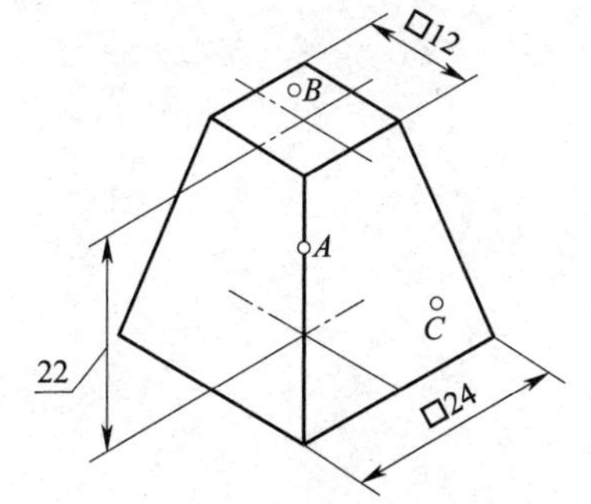

7. 完成正五棱柱的左视图，求出表面点的其余两面投影并画出正等测图。

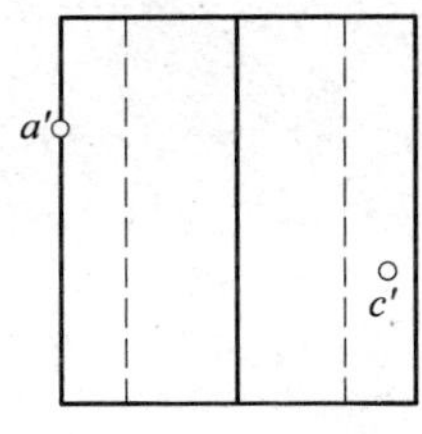

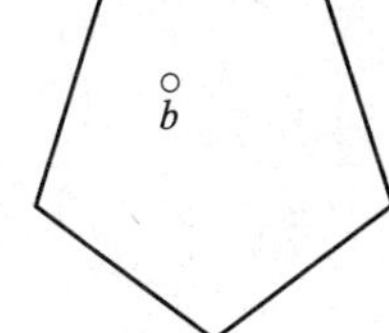

8. 画出正三棱锥的左视图。

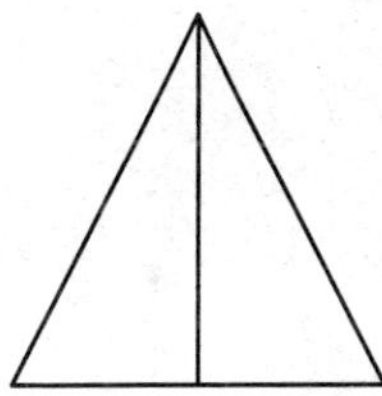

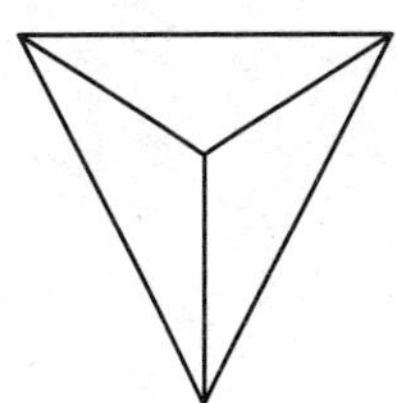

4-2 曲面立体三视图

1. 完成圆柱的三视图（长 30 mm），并标注尺寸。

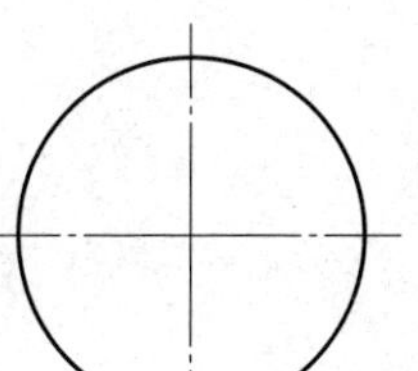

2. 完成 1/4 圆柱的三视图，并求出表面点的其余两面投影。

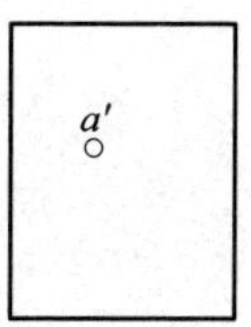

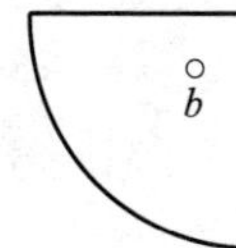

3. 根据图中所给尺寸画出圆柱的三视图，并求出表面点的三面投影。

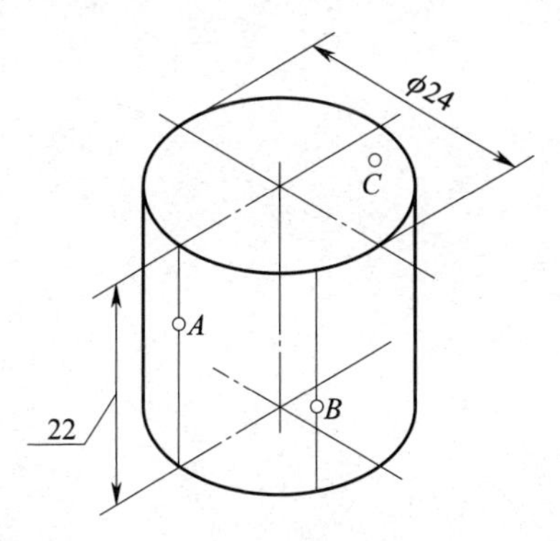

4. 完成圆柱的三视图，在立体图上标出 A、B、C 三点，并求出表面点的其余两面投影。

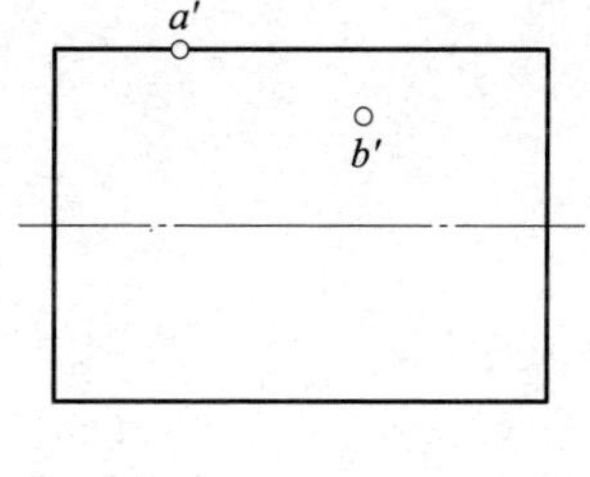

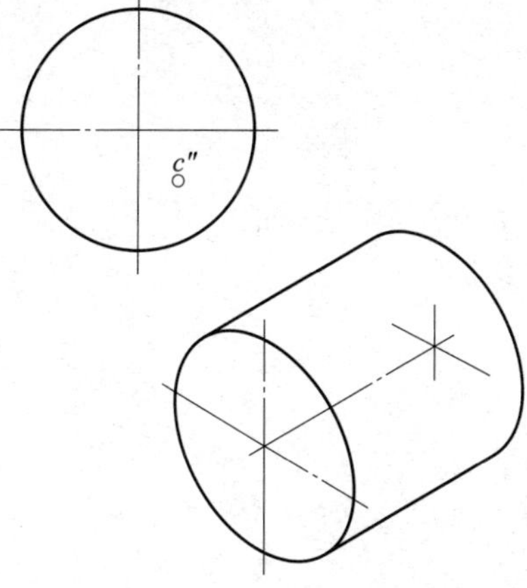

4-2（续）

5. 完成圆锥的三视图（长 28 mm），并标注尺寸。

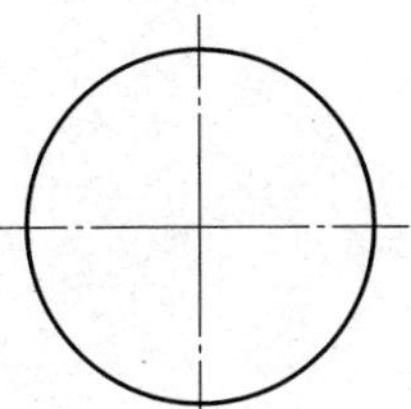

6. 完成圆锥的三视图，并求出表面点的其余两面投影。

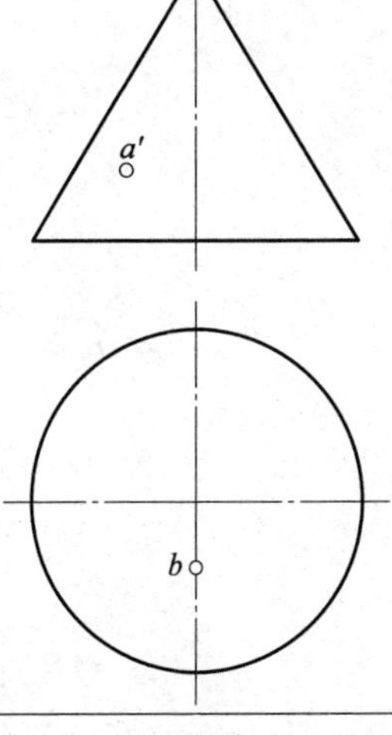

7. 根据图中所给尺寸画出圆锥台的三视图，并求出表面点的三面投影。

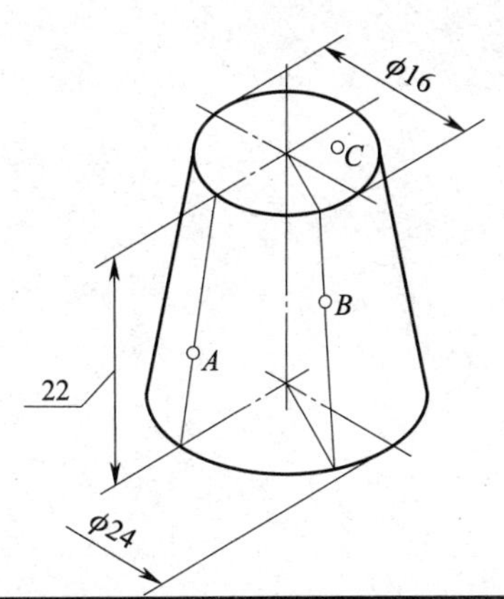

8. 完成圆锥台的三视图，并求出表面点的其余两面投影。

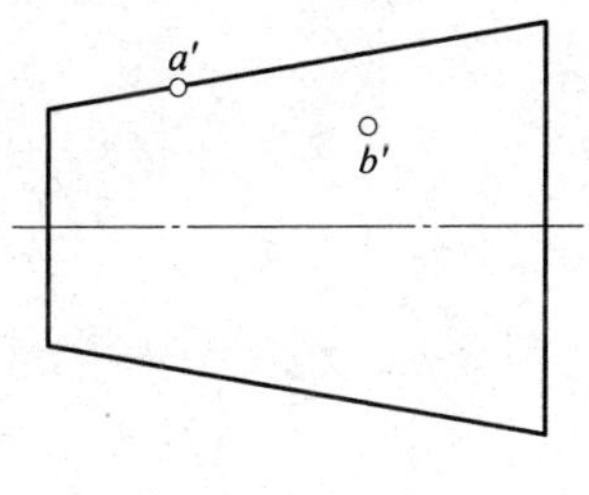

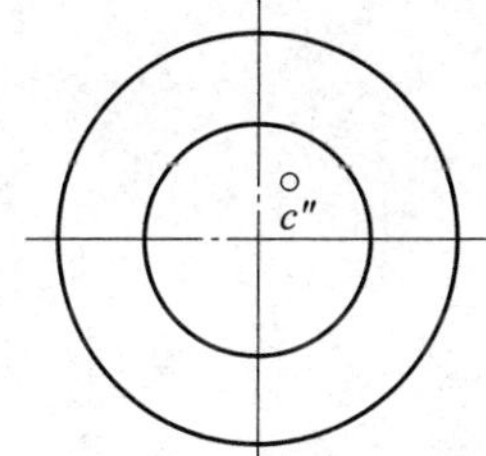

4-3　根据给定条件，画全基本几何体的三视图

1. 画全球体的三视图，并求出表面点的其余两面投影。

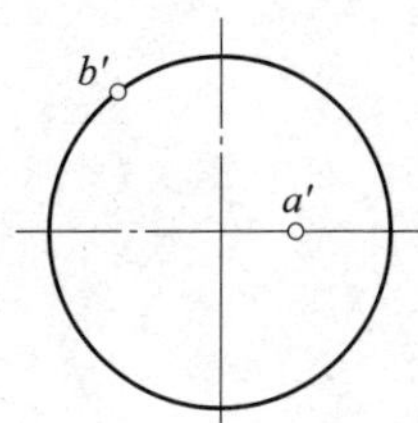

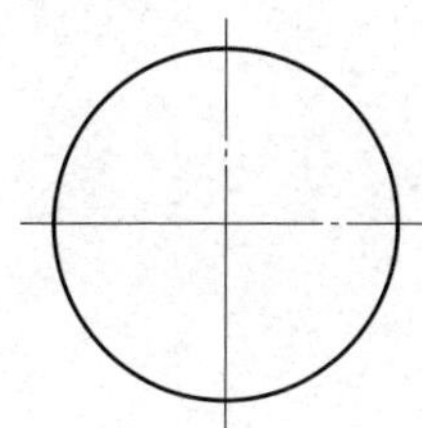

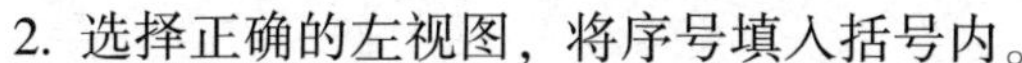

2. 选择正确的左视图，将序号填入括号内。

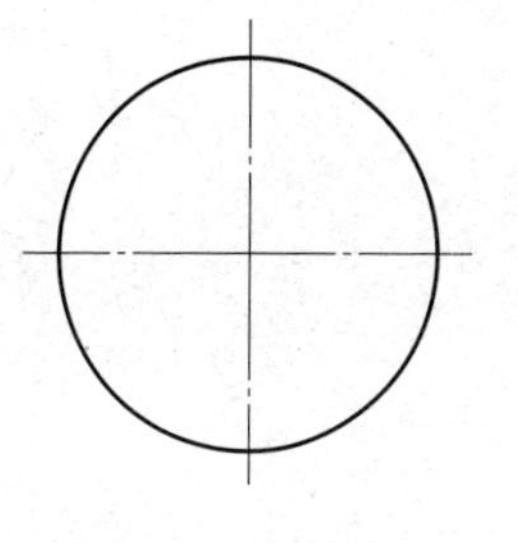

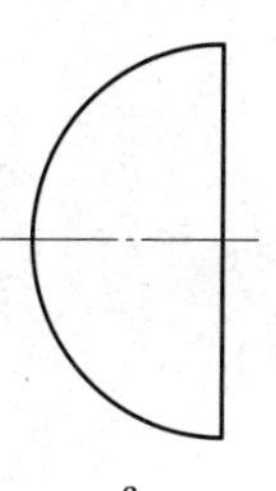

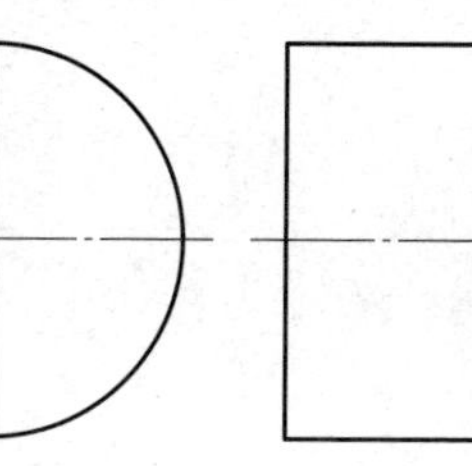

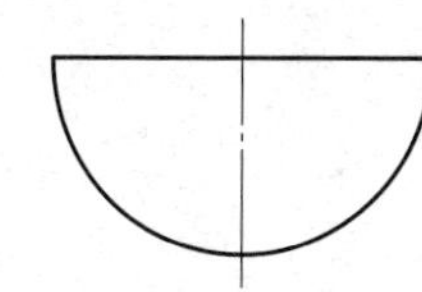

(　　　)

3. 画全三视图，并求出表面点的其余两面投影。

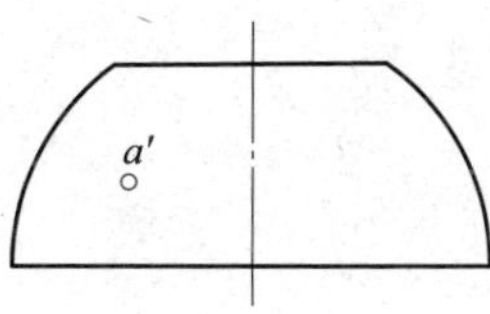

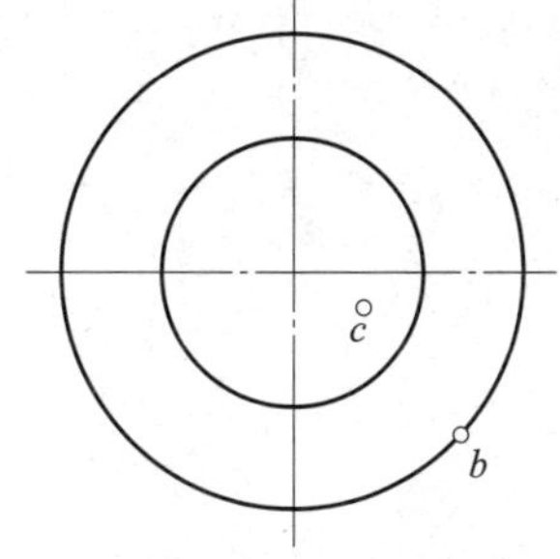

4. 画全三视图。

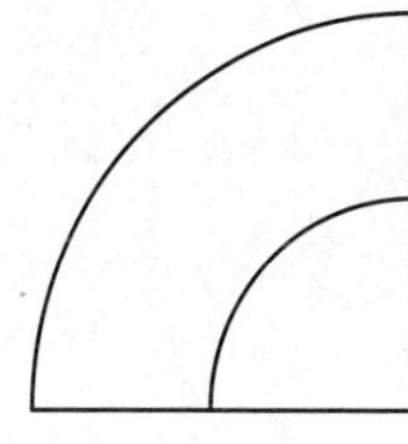

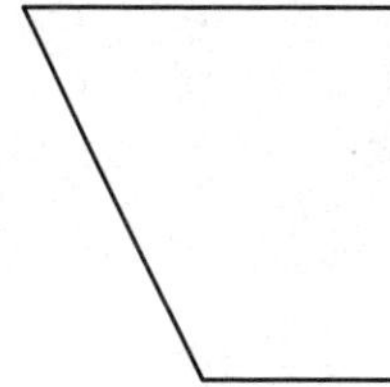

4-4　根据给定条件补全三视图，如有给定点，则求出该立体表面点的其余两面投影

1.

a′　b′　c″

2.

a′　(b)

3.

a′　b′　c

4.

5.

a′　(c′)　b

6.

a′　b′

4-5 平面立体的截割

1. 补全视图中的缺线。
(1)
(2)
(3)
2. 已知两视图，选择正确的第三视图，将正确答案的序号填入括号内。
(1)
a.
b.
c. (　　)
(2)
a.
b.
c. (　　)
(3)
a.
b.
c. (　　)

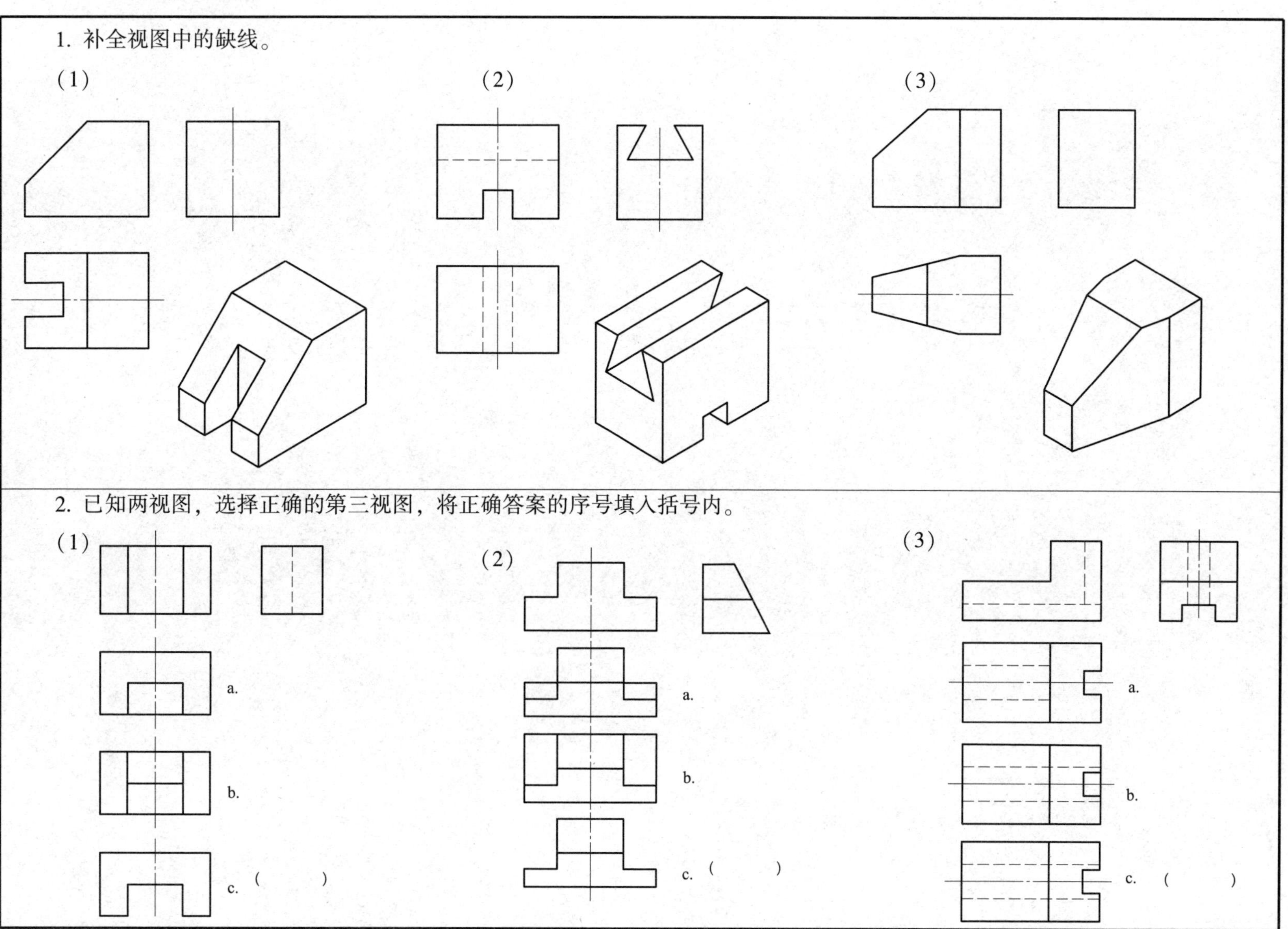

4-6 参照图示切割体完成第三视图

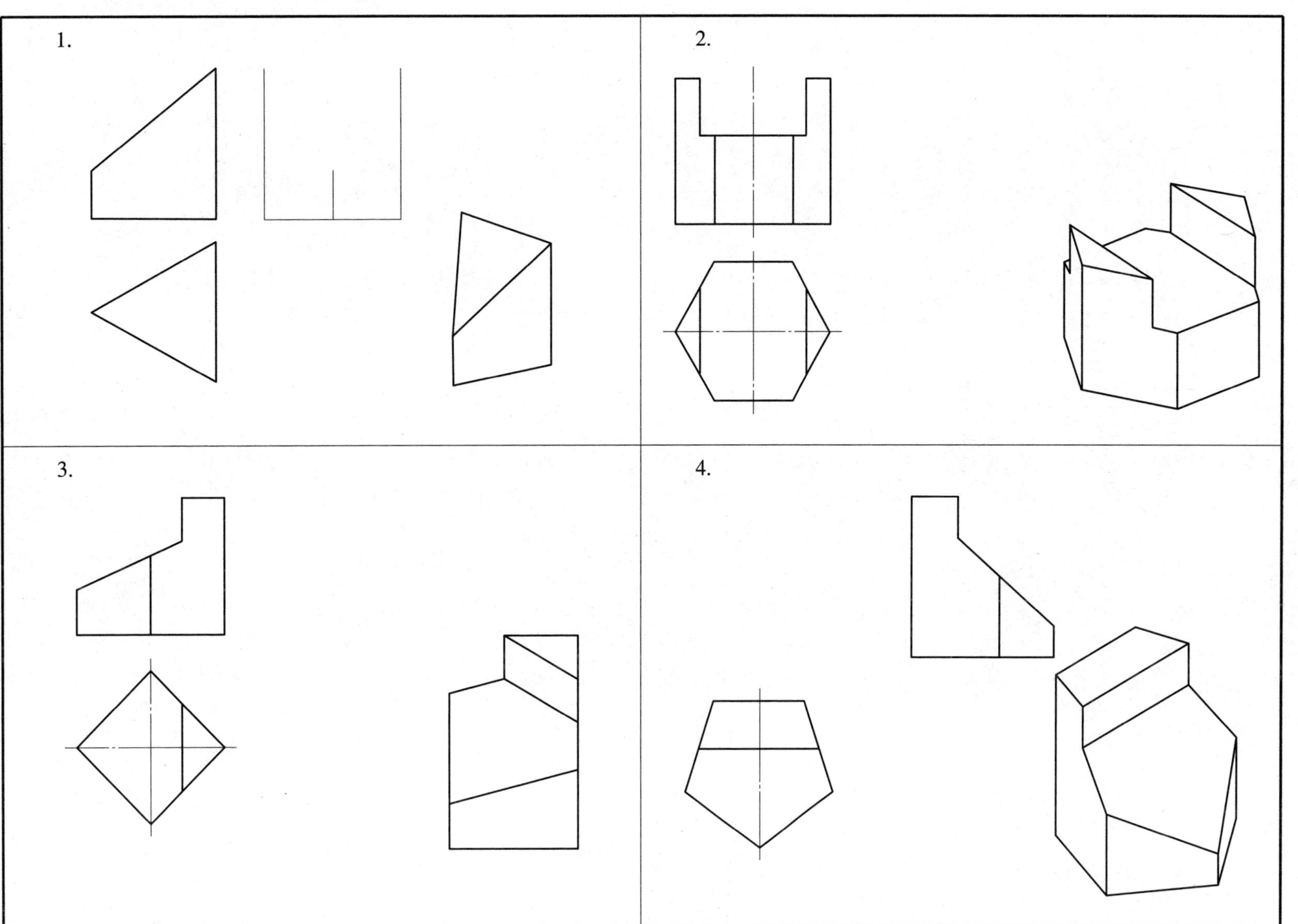

4-7 由三视图找出对应的立体图，并将正确的序号填入括号内

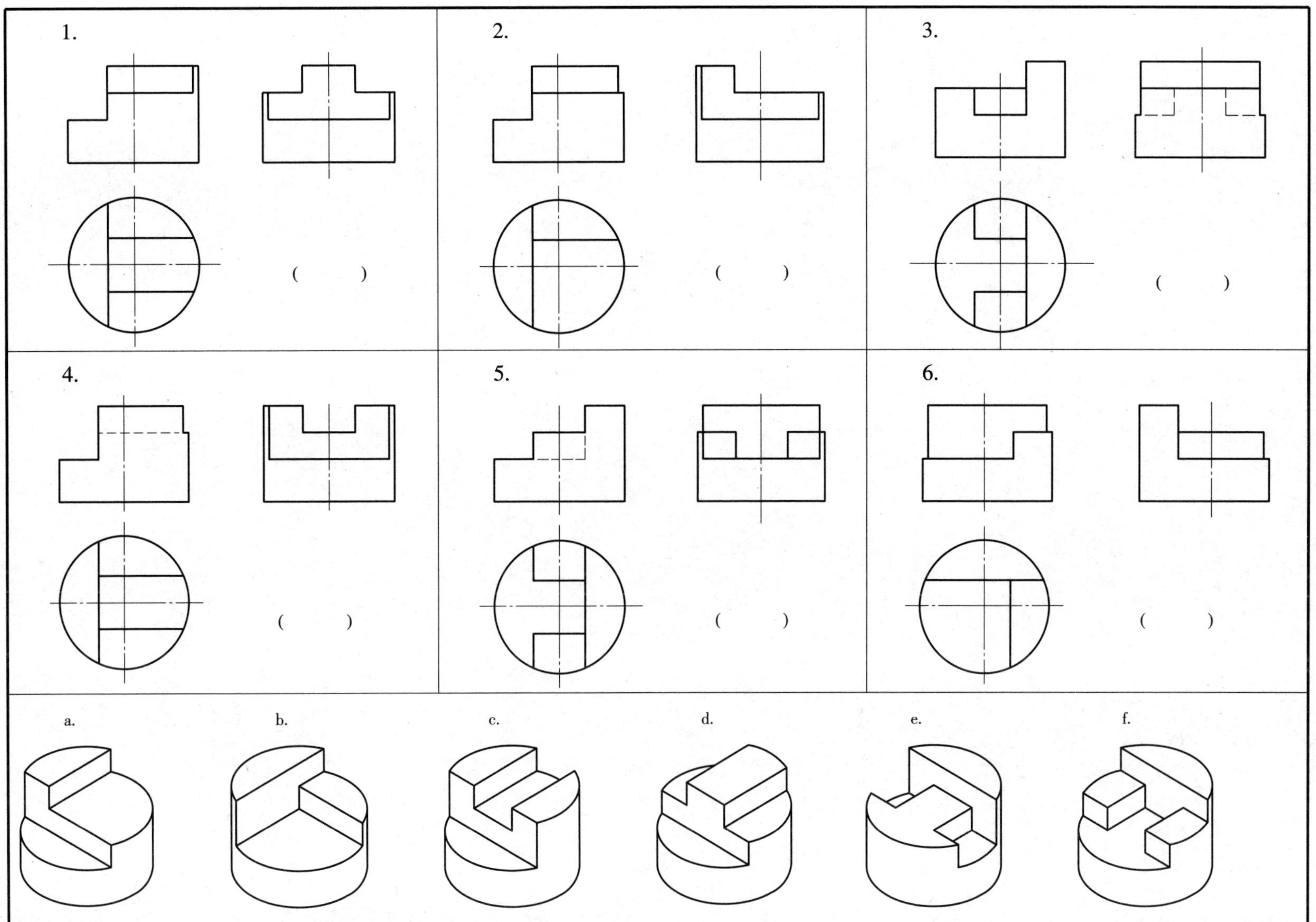

4-8　参照图示切割体完成第三视图

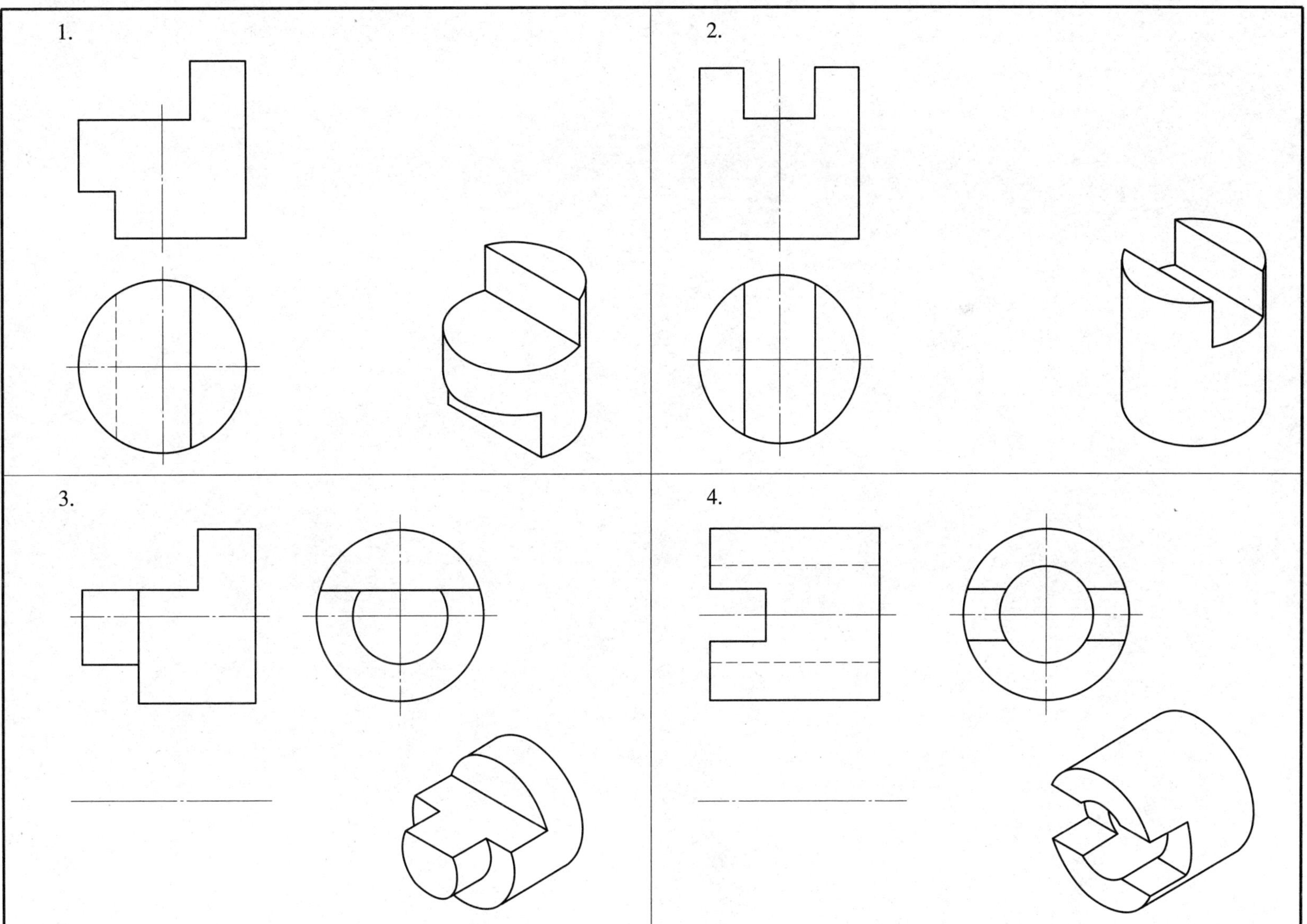

4-8（续）

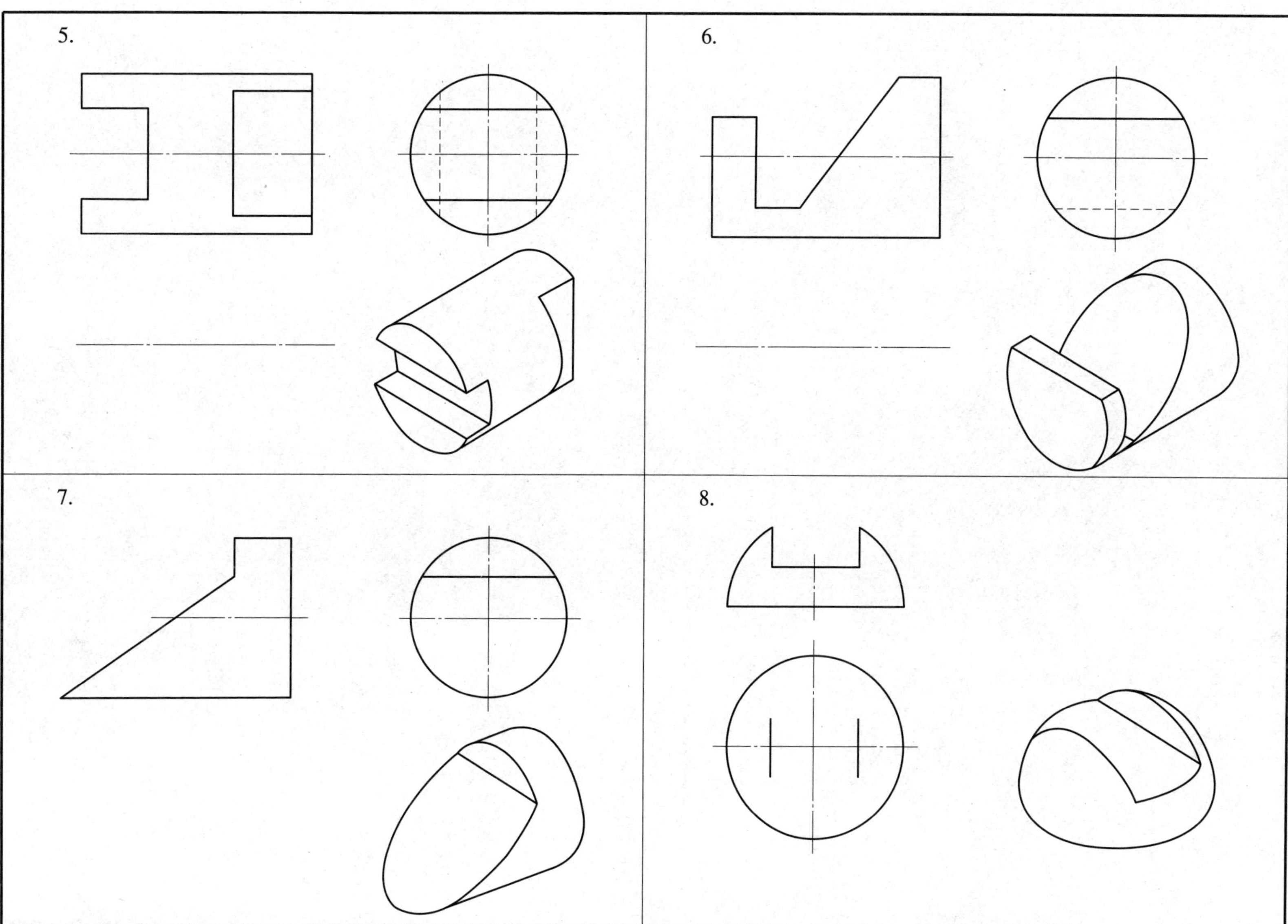

4-9 补画视图中相贯线的投影

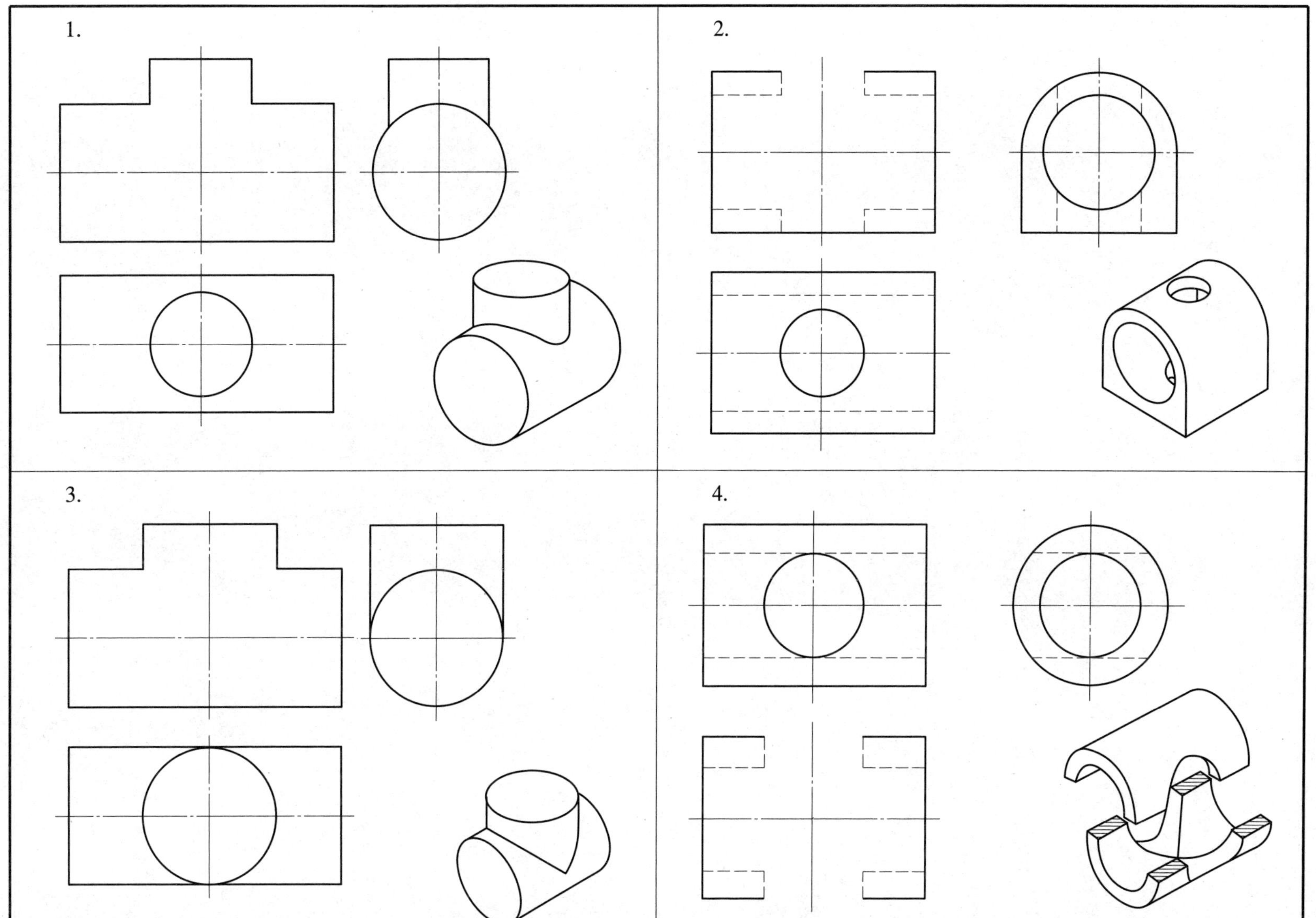

4-9（续）

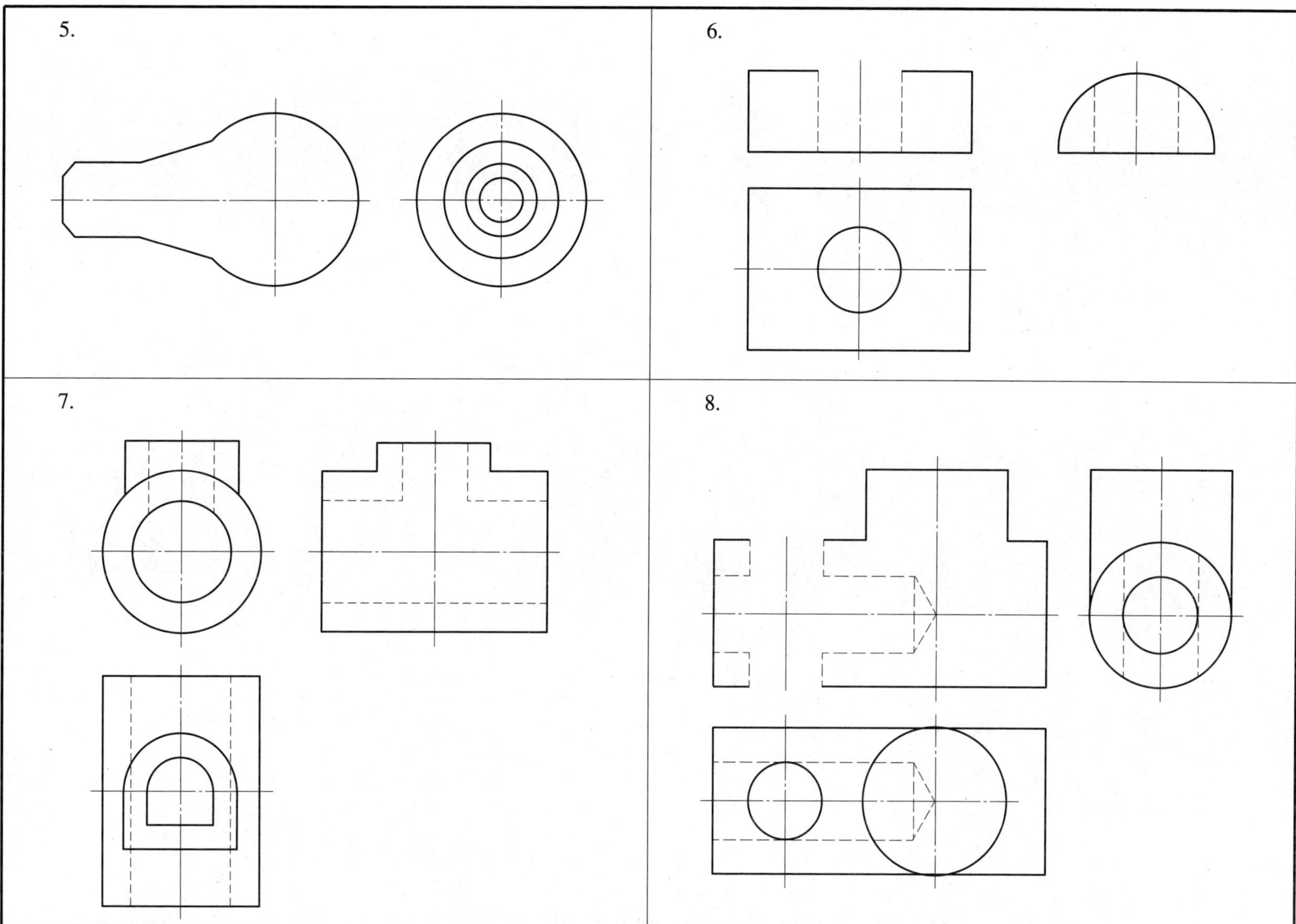

课题五　轴测图

5-1　根据三视图画正等测图

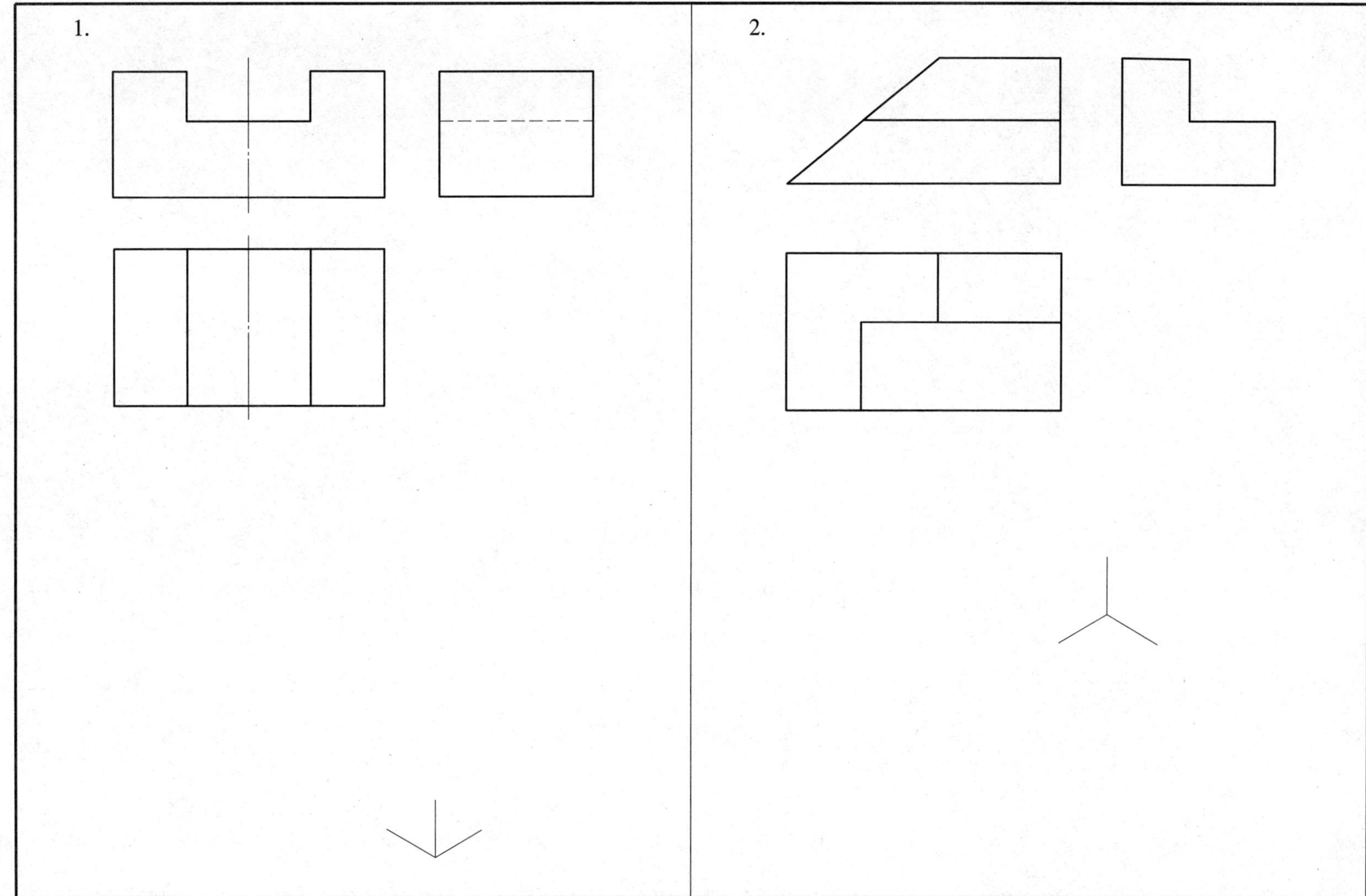

5-1（续）

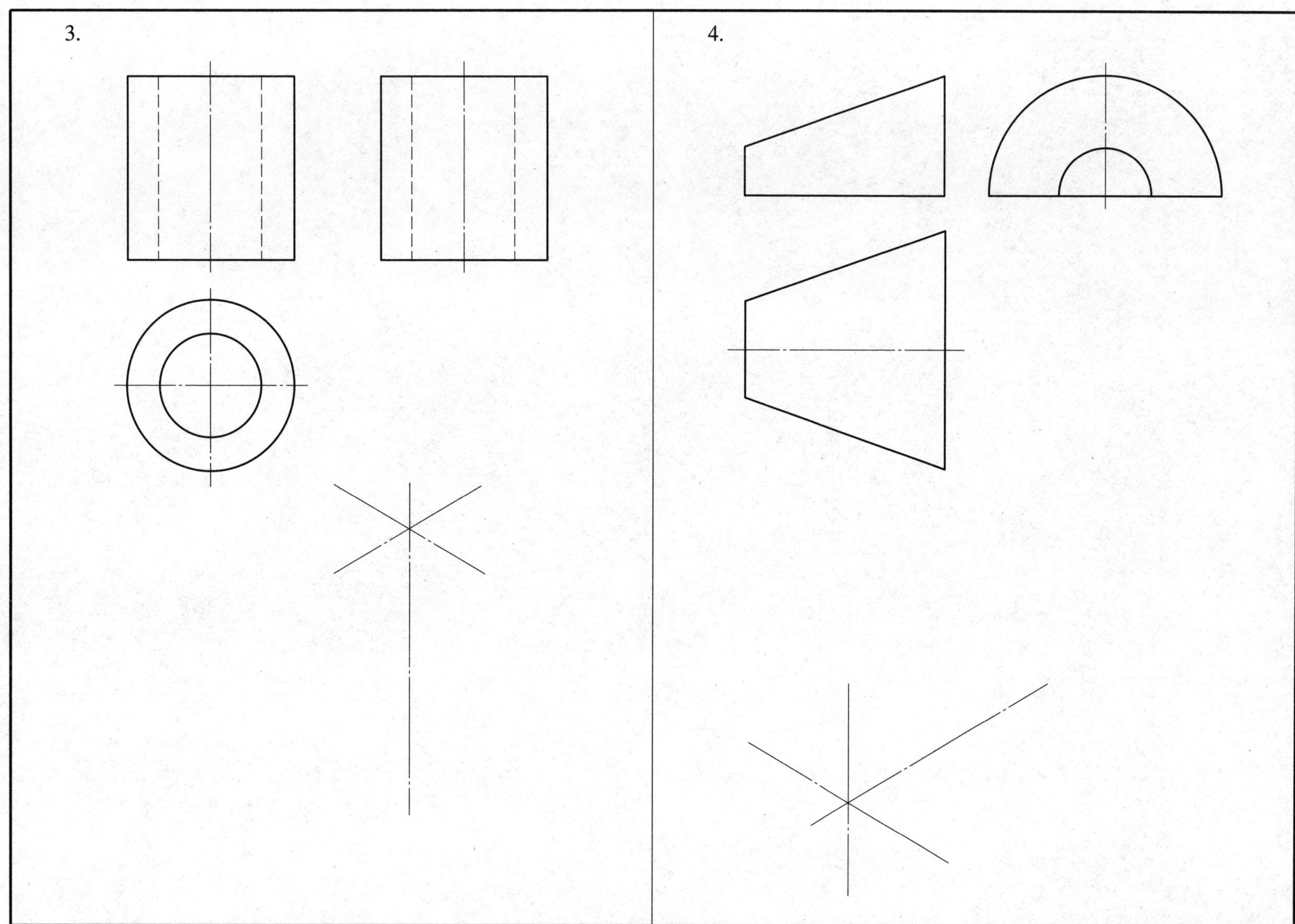

5-2　根据给定的视图画斜二测图

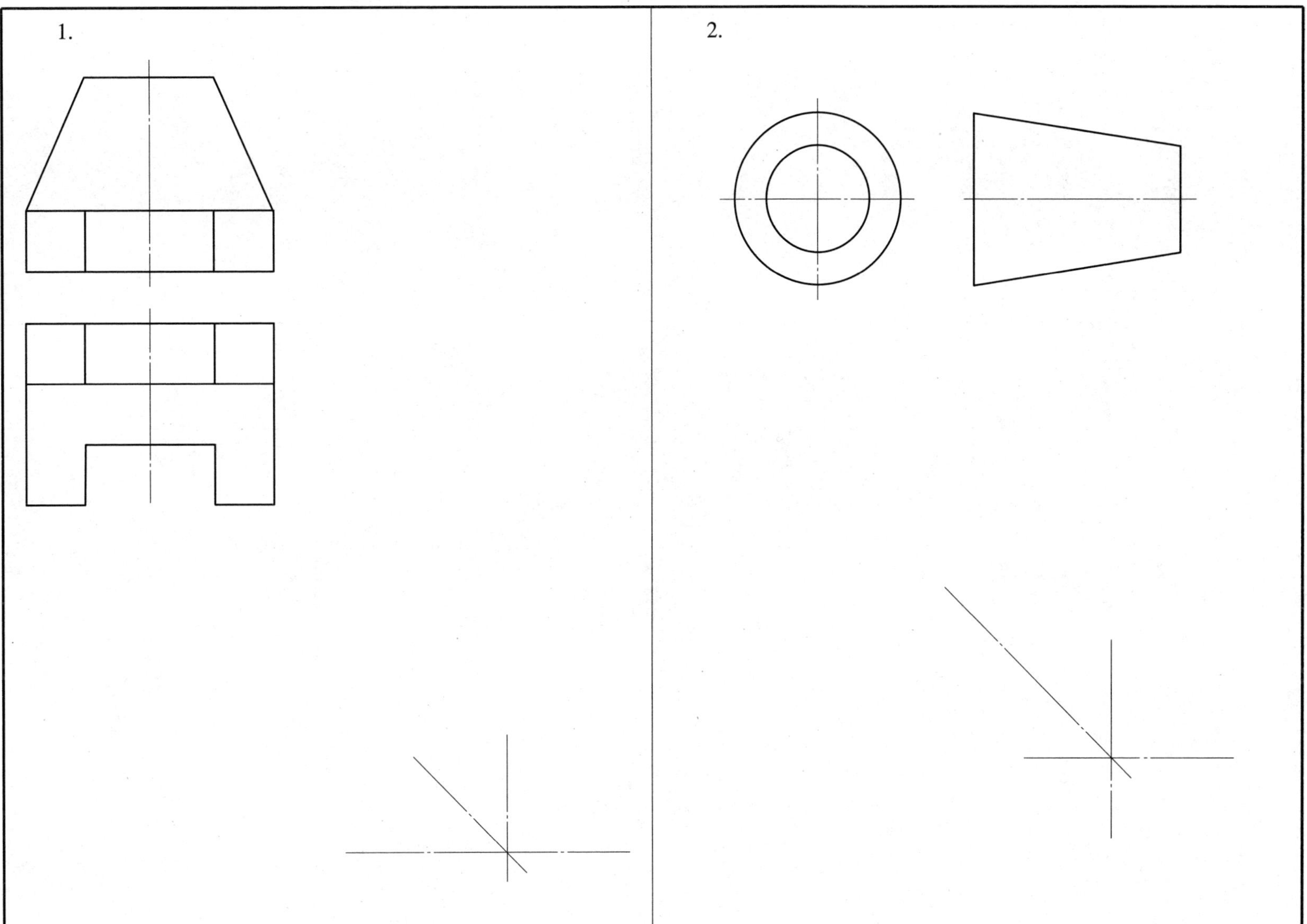

5-3　根据三视图画正等测图和斜二测图

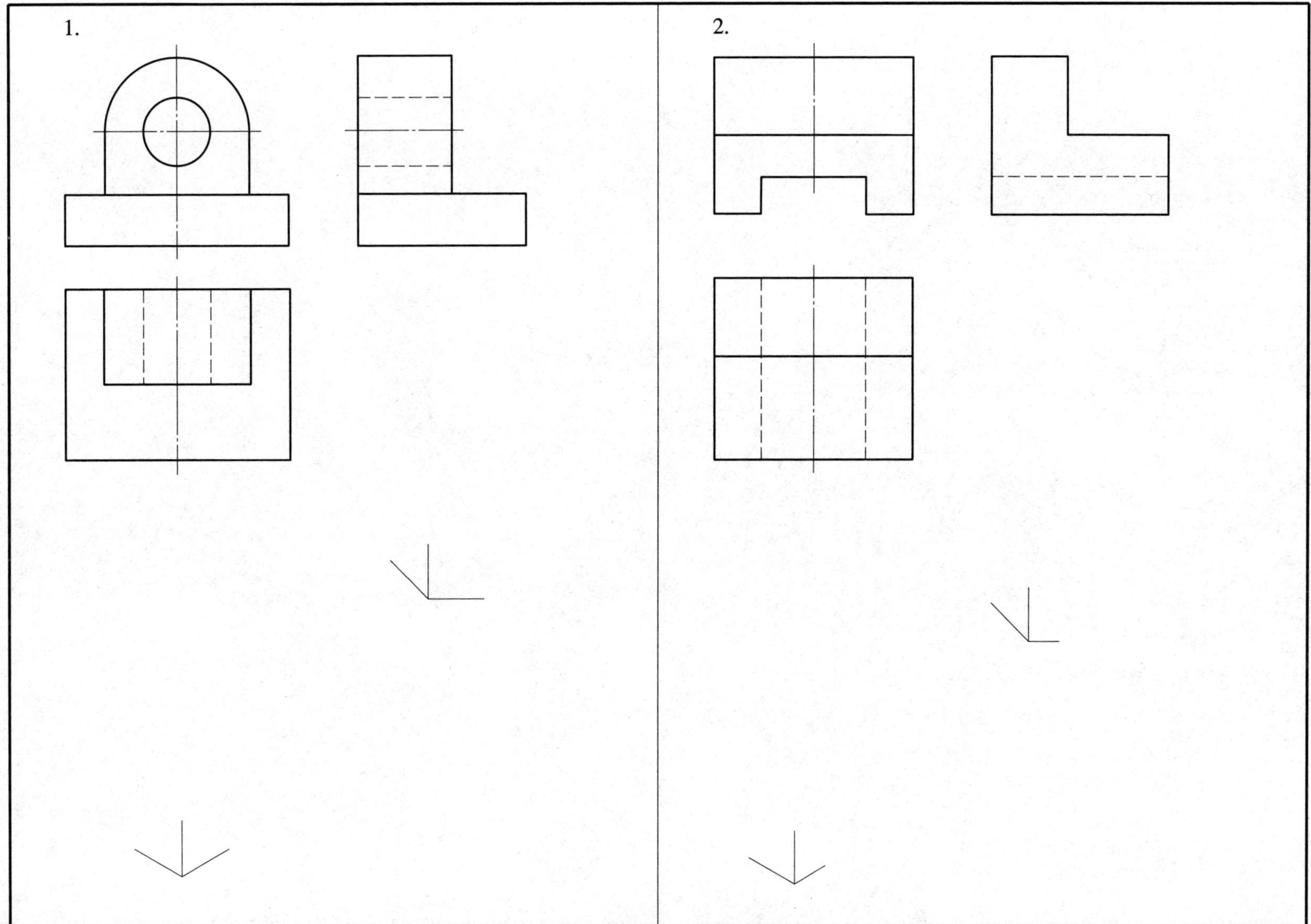

课题六　组合体视图

6-1　分析下列组合体的组合关系，并画出相应的三视图（所有孔均为通孔）

6-1（续）

1.	2.	3.
4.	5.	6.

6-1（续）

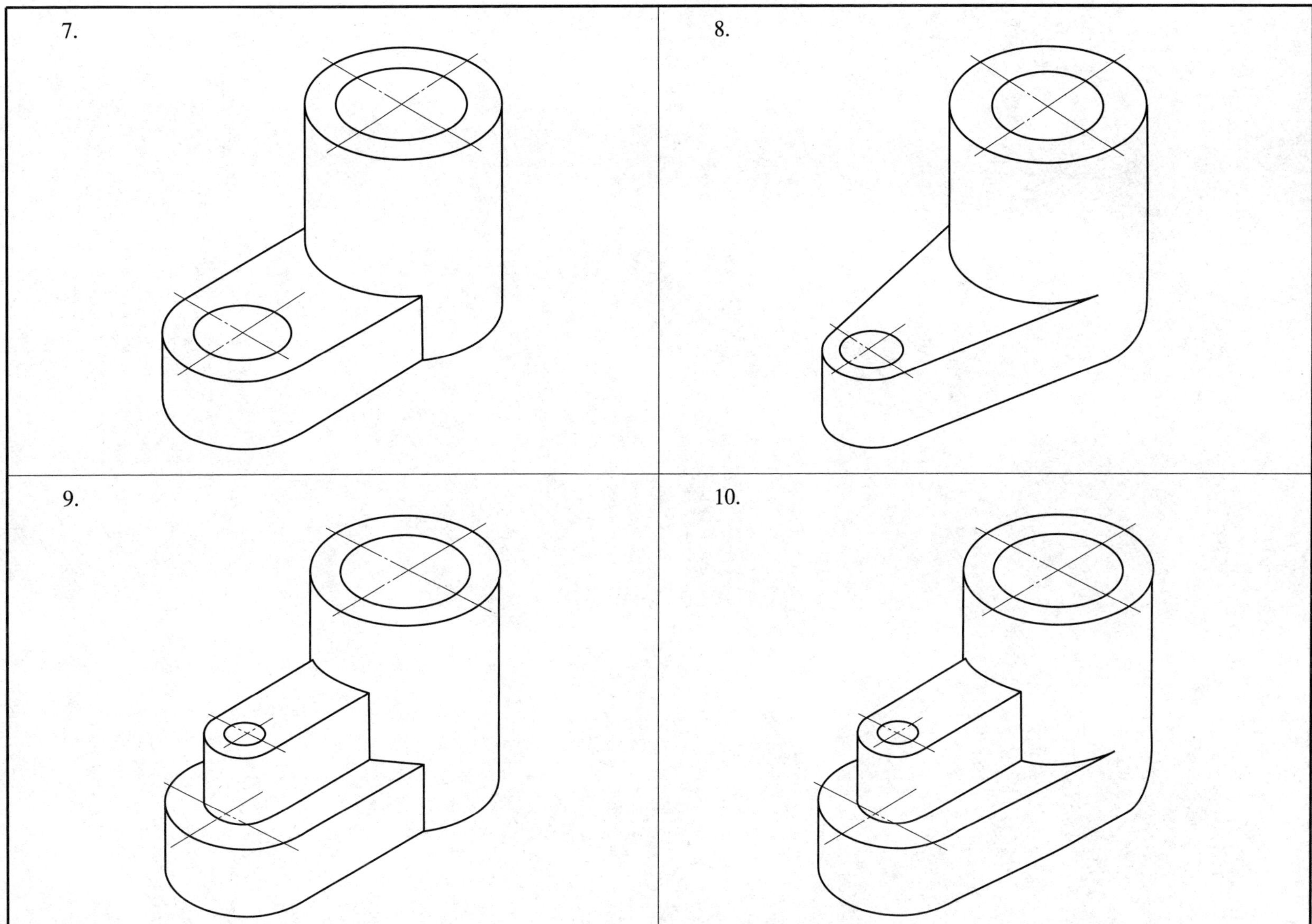

6-1（续）

7.	8.
9.	10.

6-2　补画组合体表面的交线

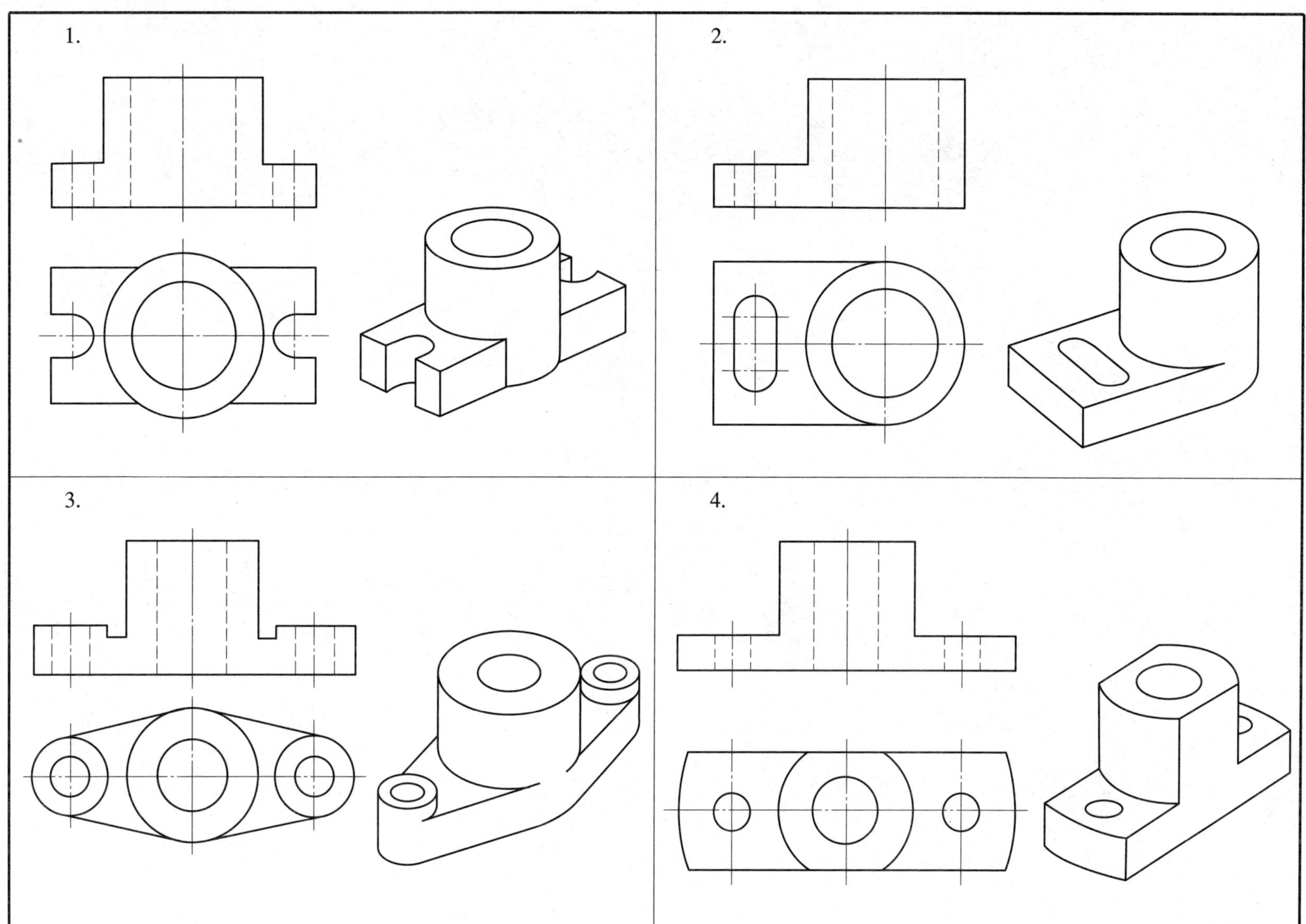

6-3 根据轴测图上给定的尺寸，画出组合体的三视图（图上孔为通孔）

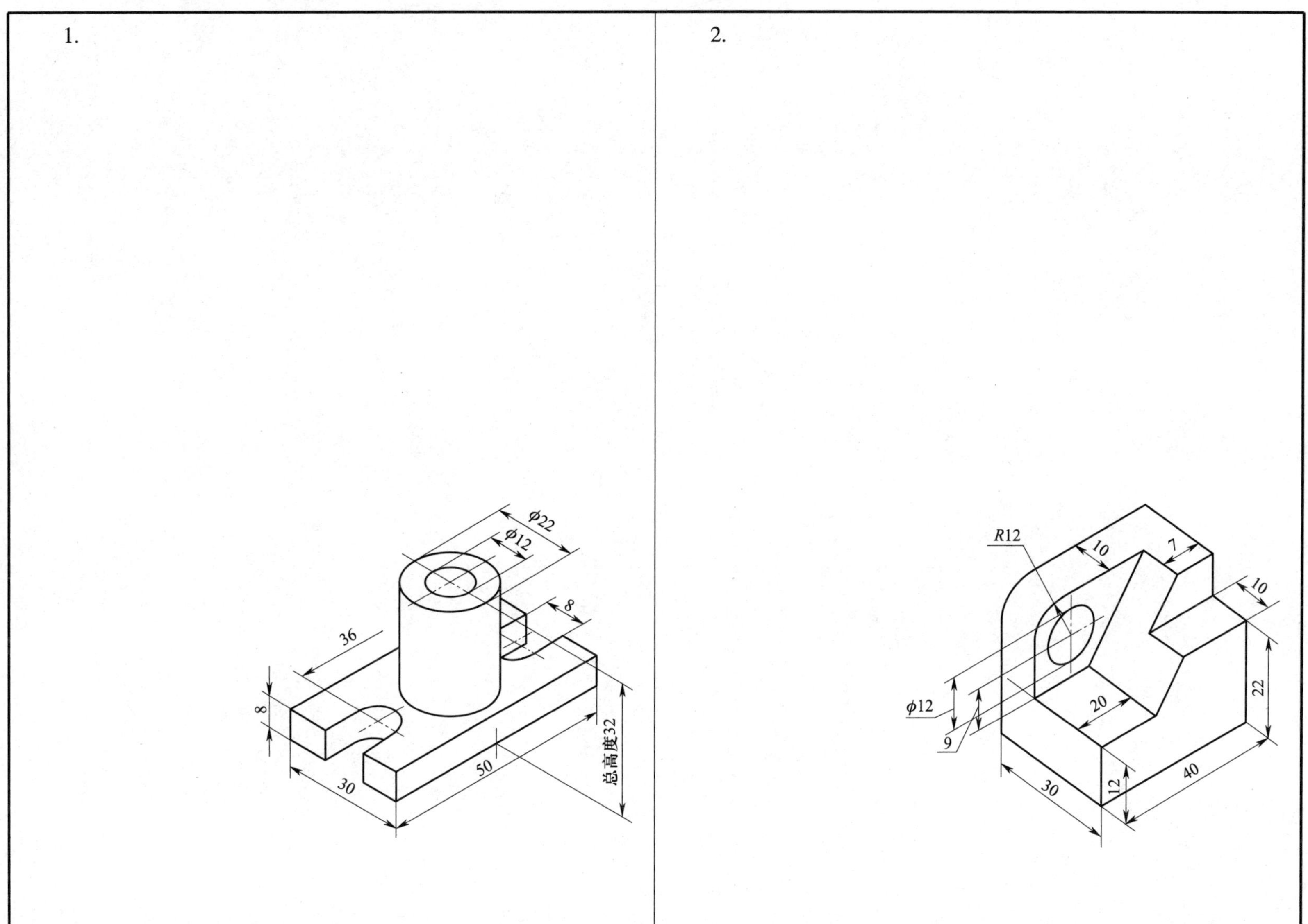

6-3（续）

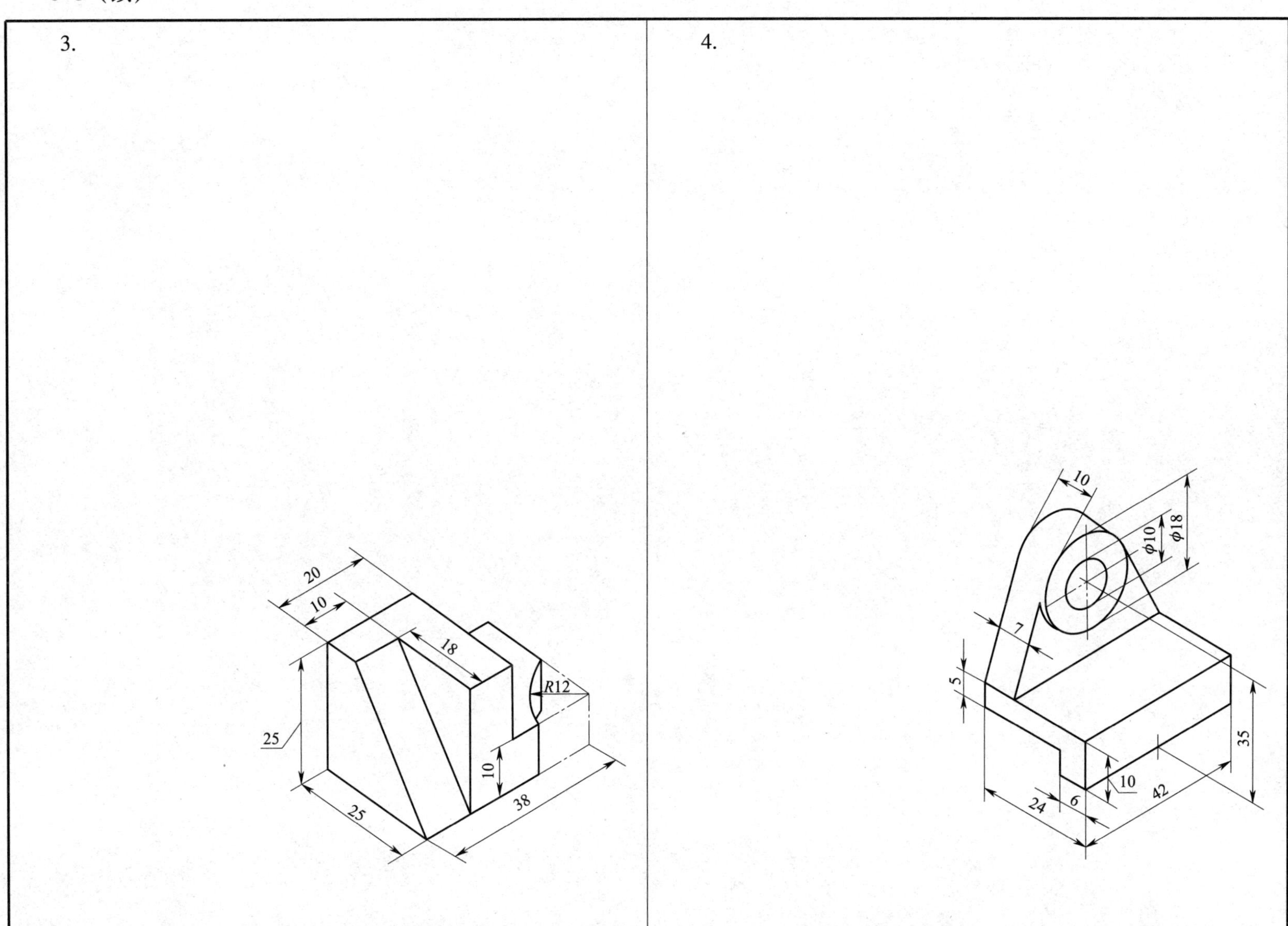

6-3（续）

5.

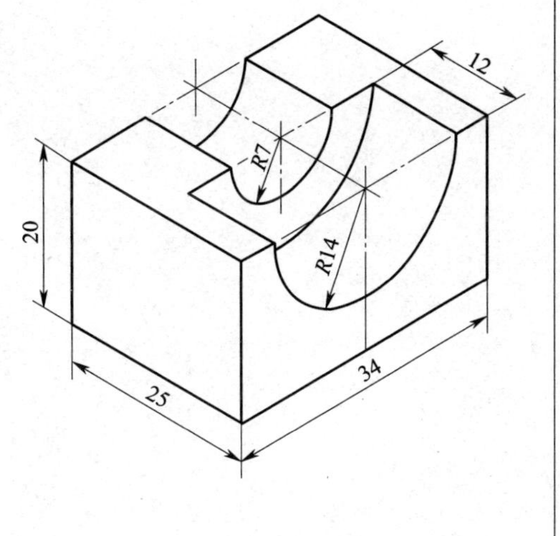

6.

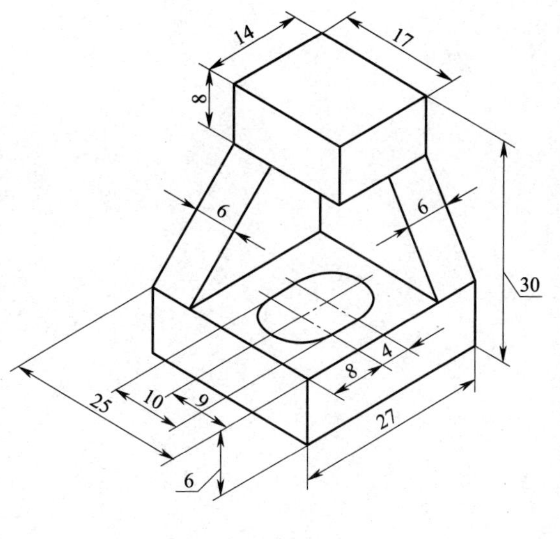

6-4　根据轴测图画出组合体的三视图（图中孔为通孔，尺寸从图中量取，取整数）

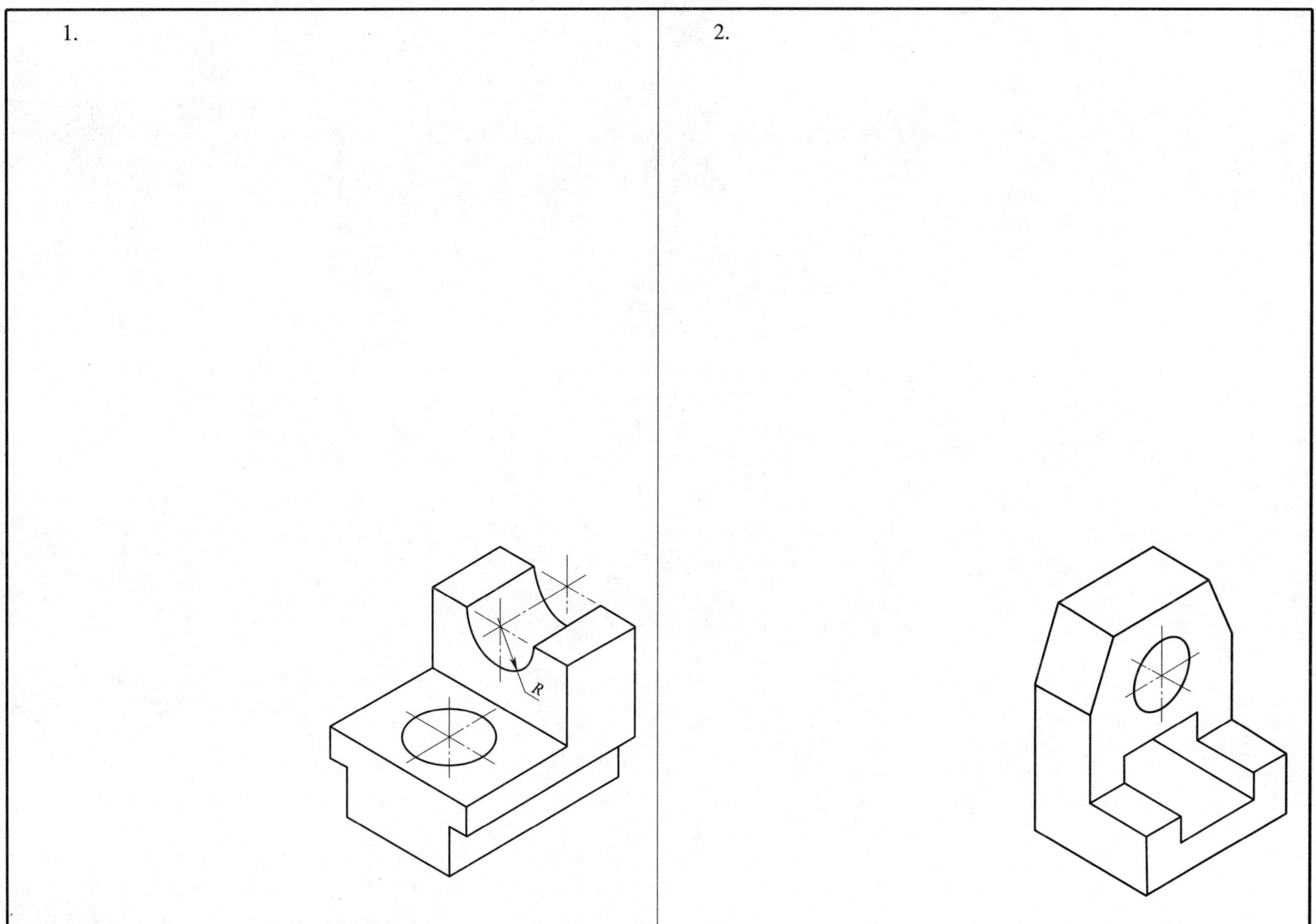

6-5　根据轴测图上给定的尺寸，采用适当比例画出组合体的三视图（图上孔为通孔）

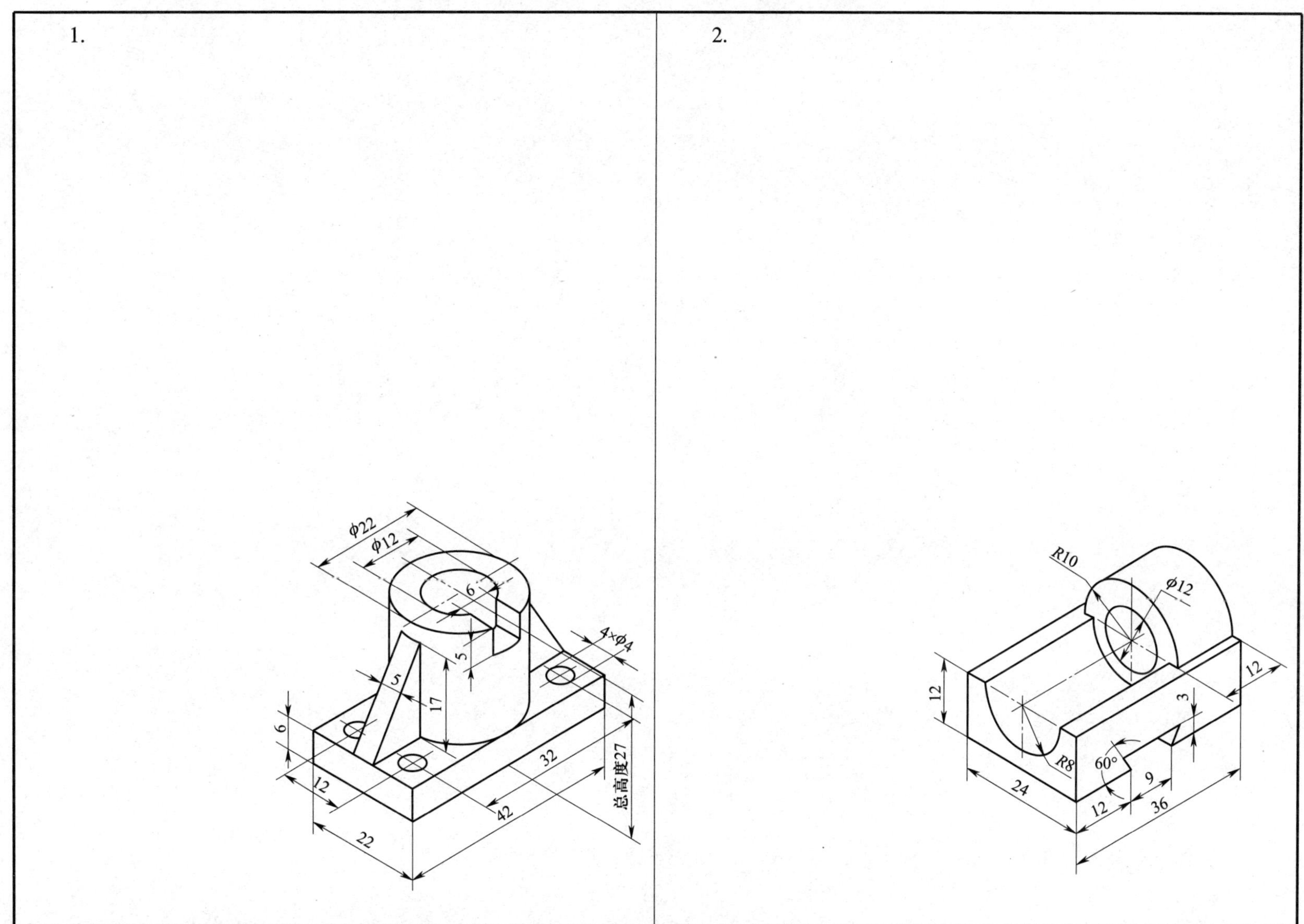

6-6 组合体的尺寸标注（数值从图中量取，取整数）

1. 根据给定的长度、宽度、高度基准标注组合体的尺寸。

2. 看懂视图，补全尺寸。

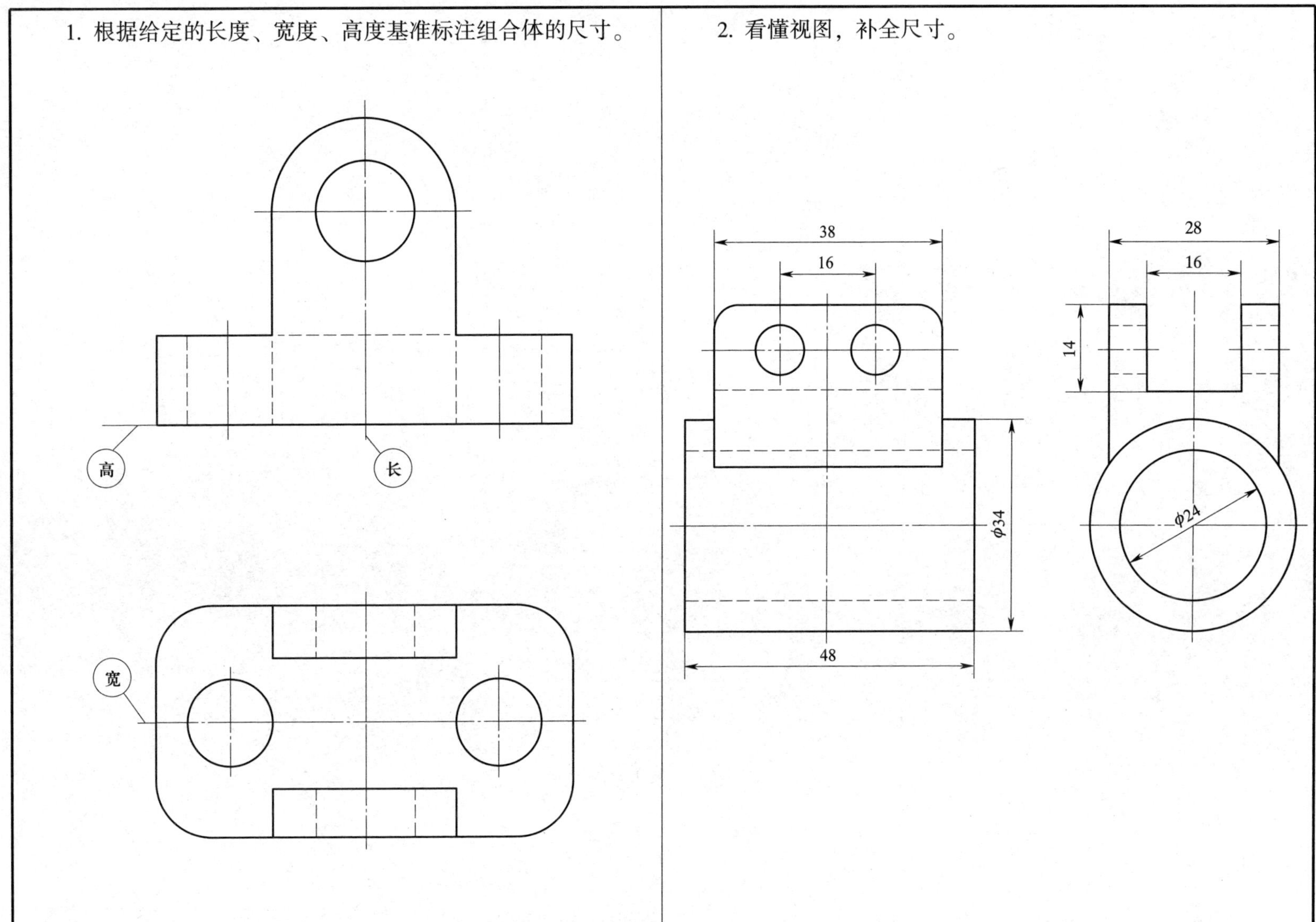

6-7　补画第三视图

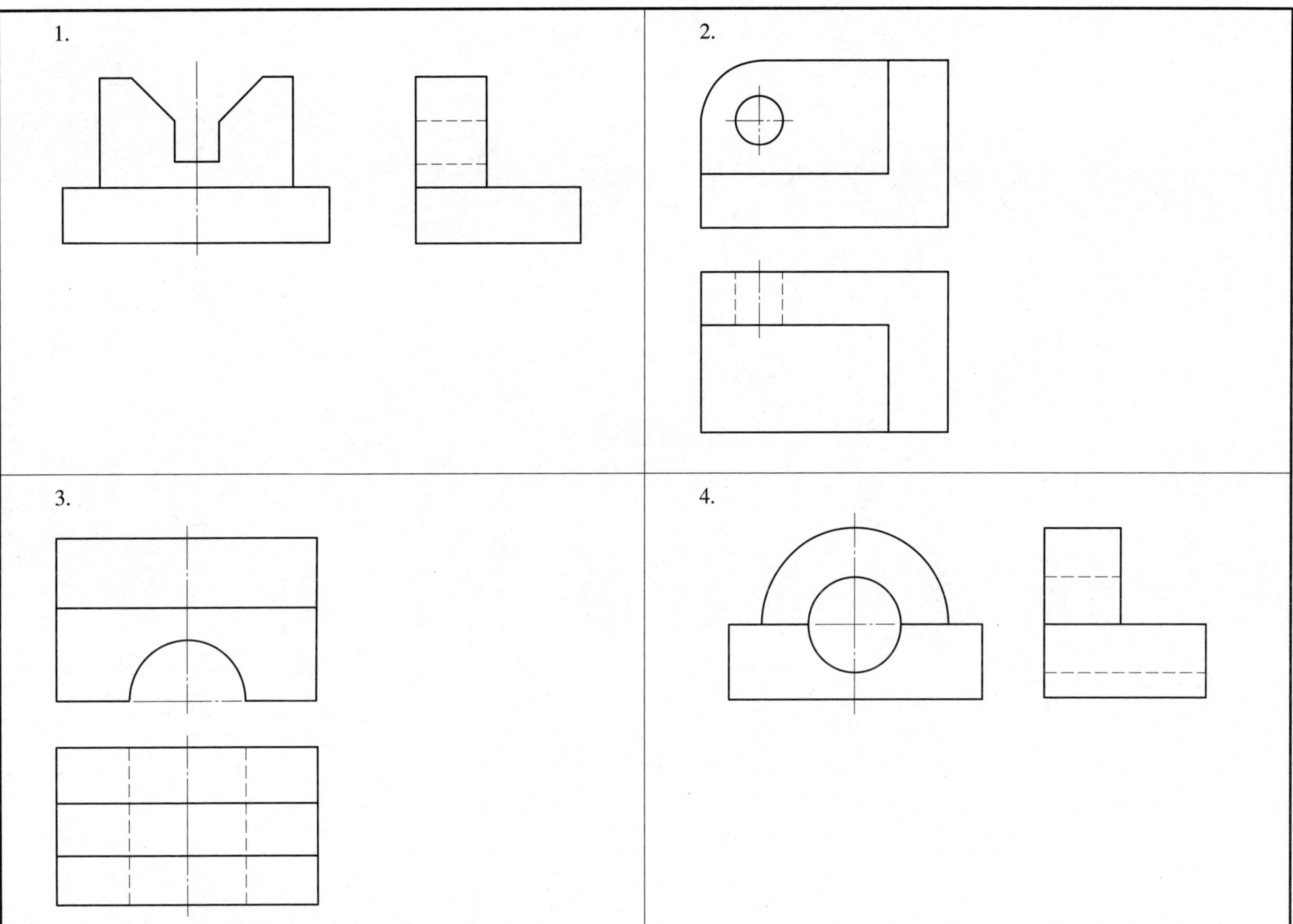

6-7（续）

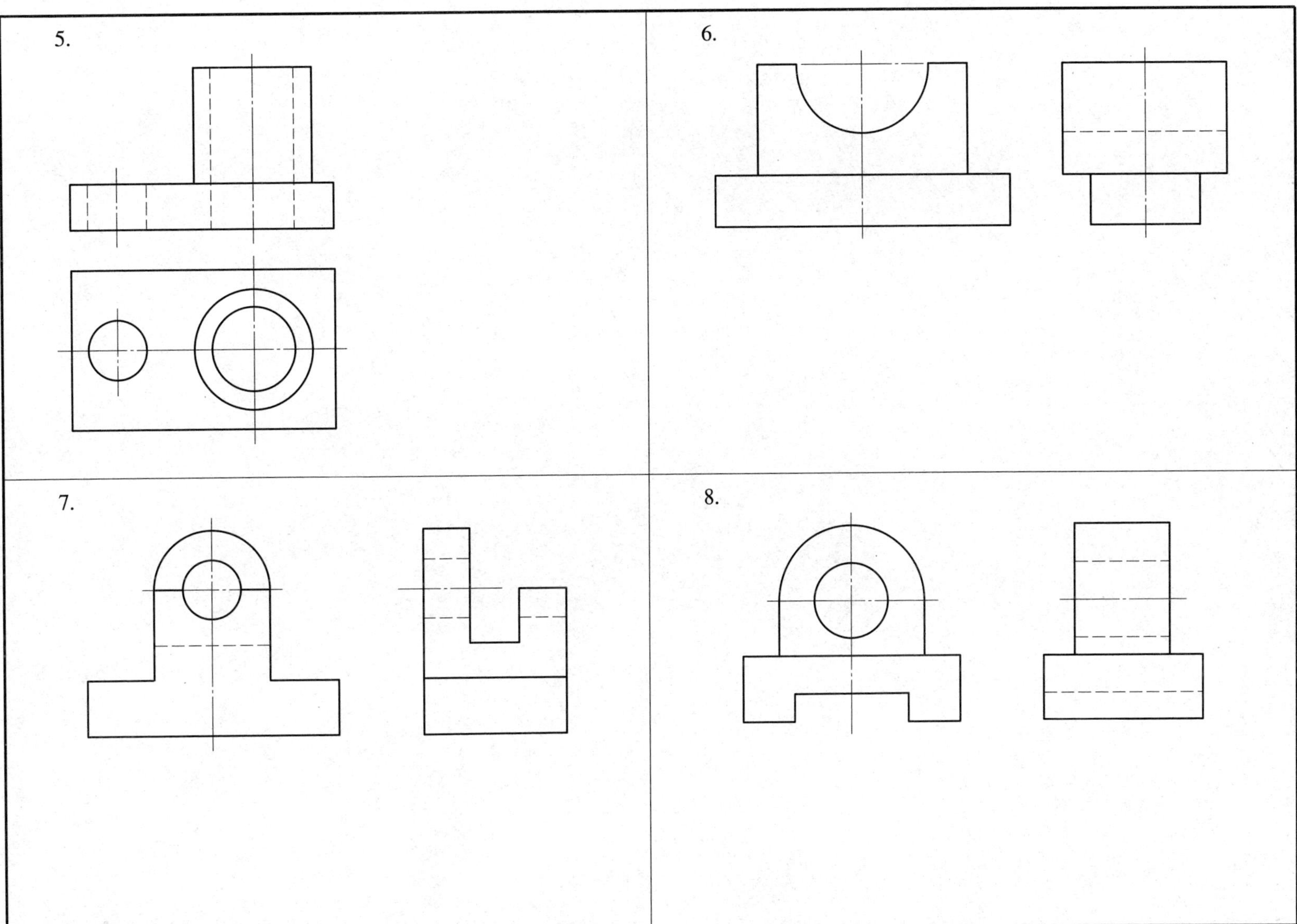

6-7（续）

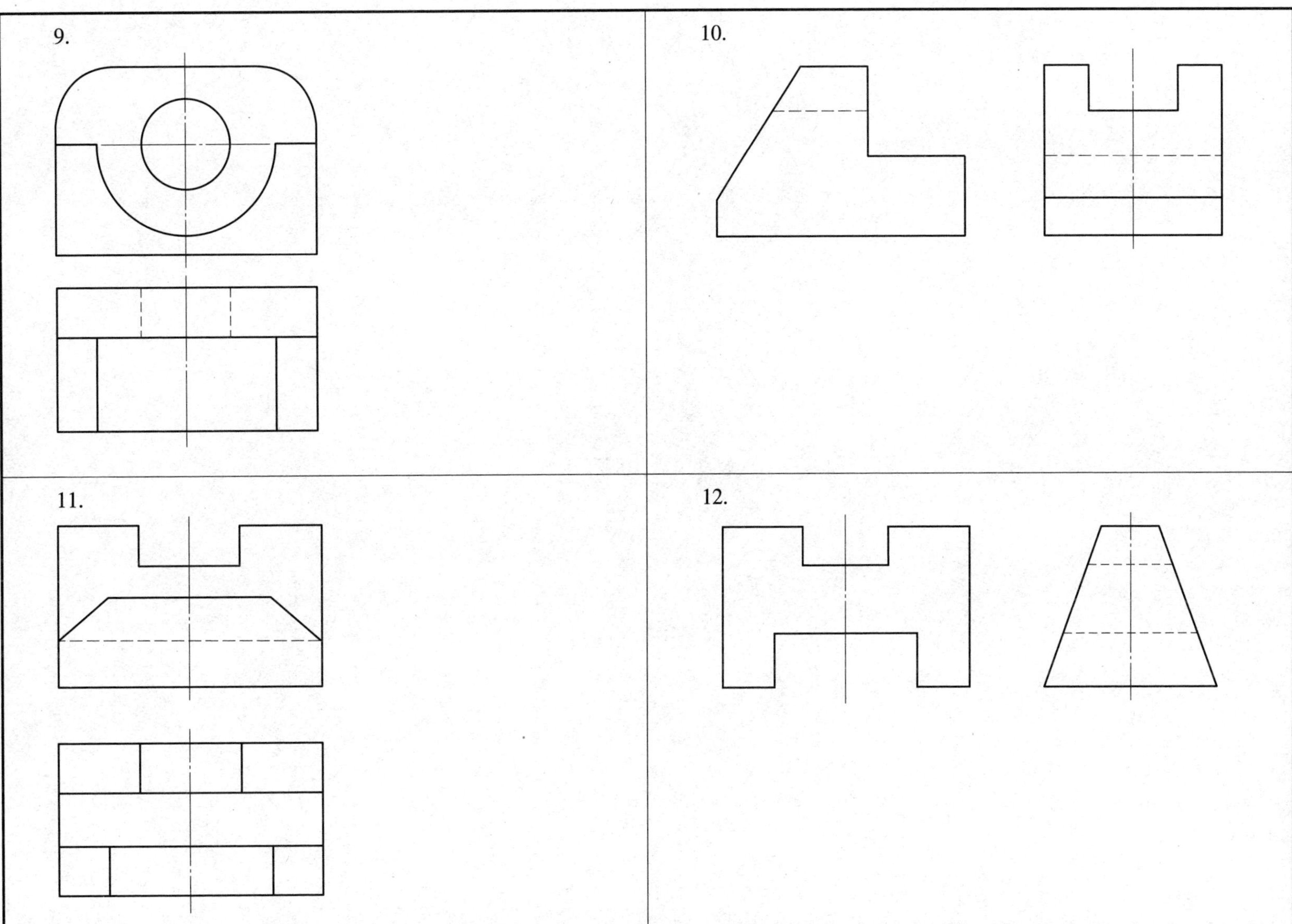

6-7（续）

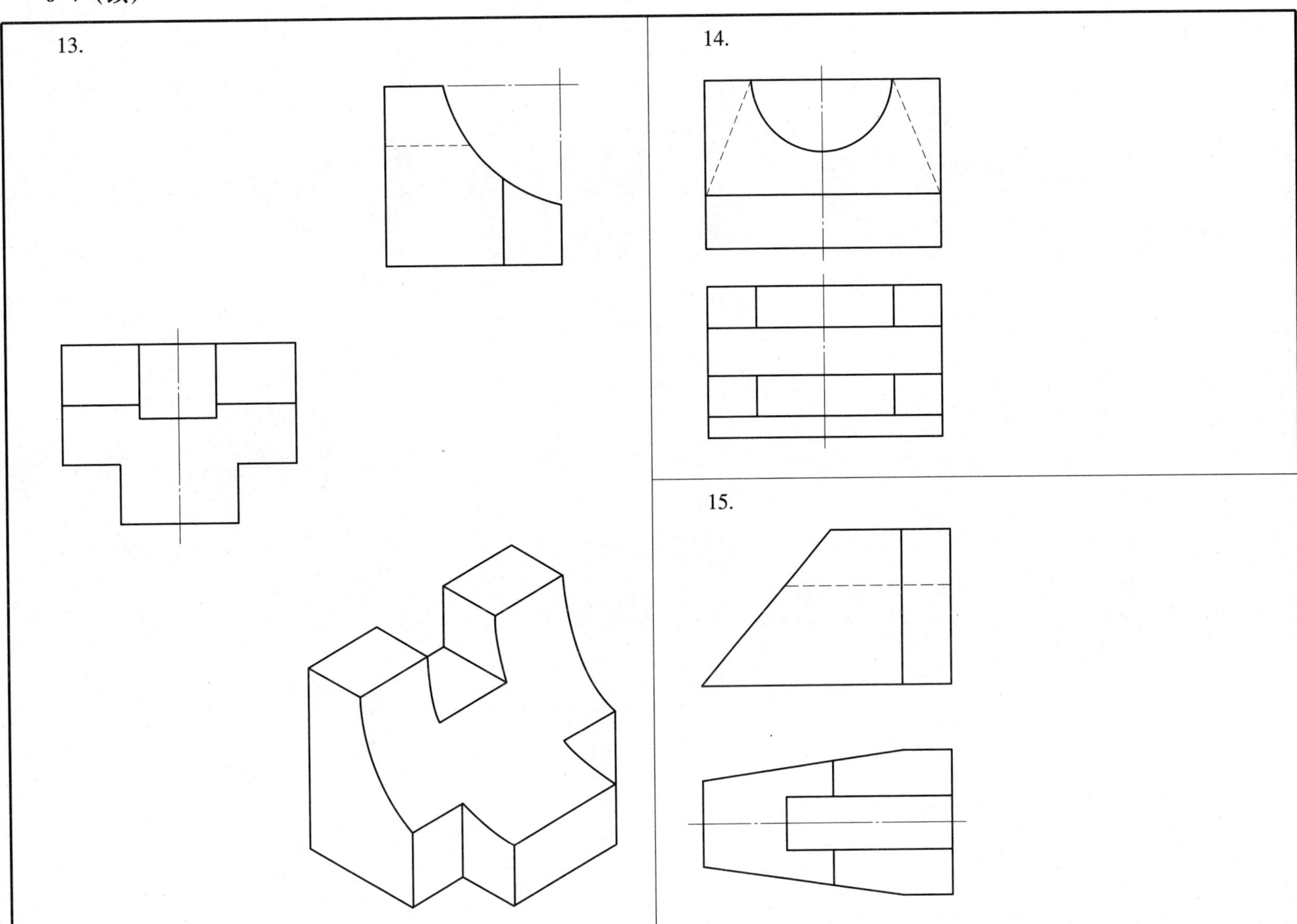

6-7（续）

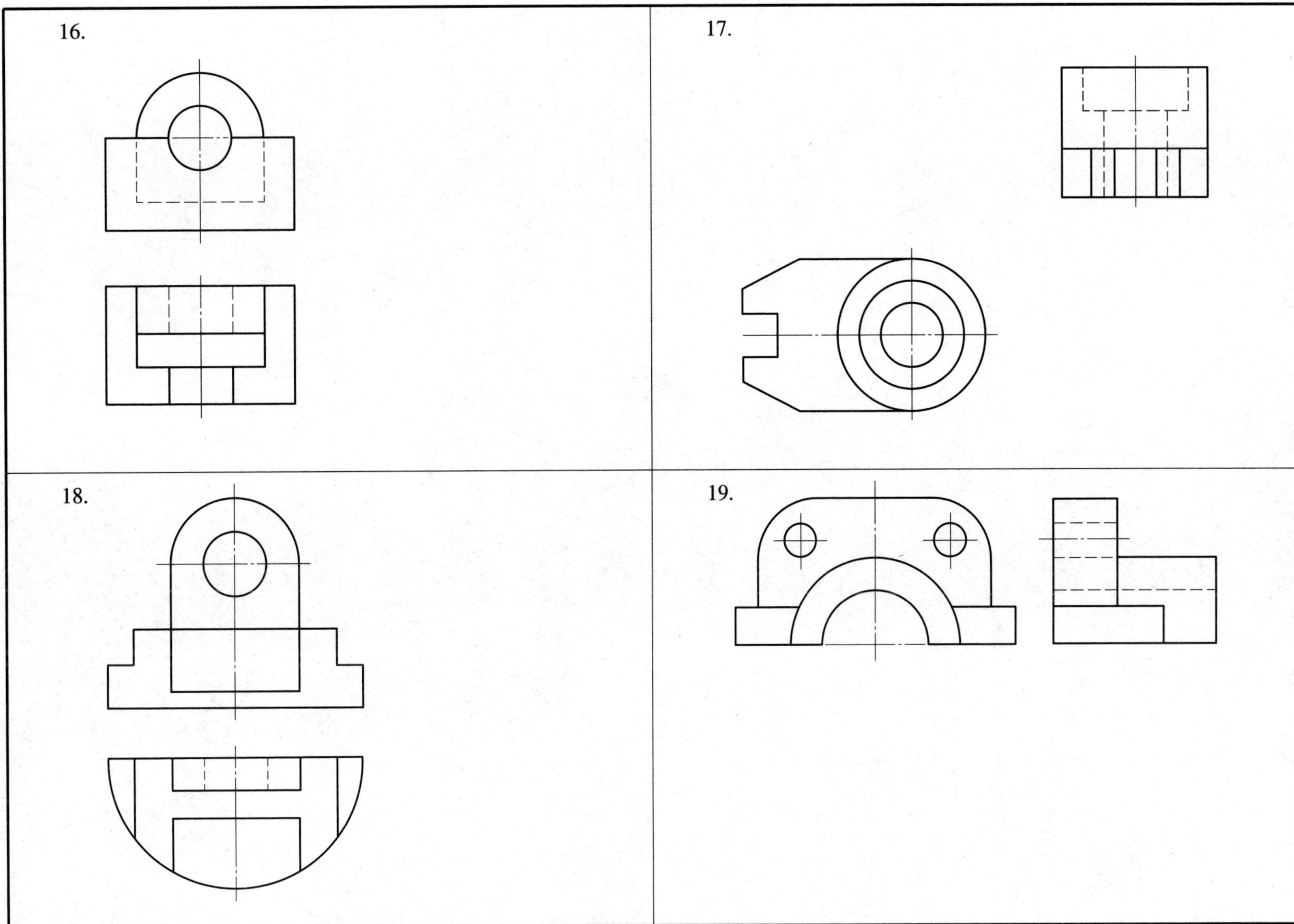

6-7（续）

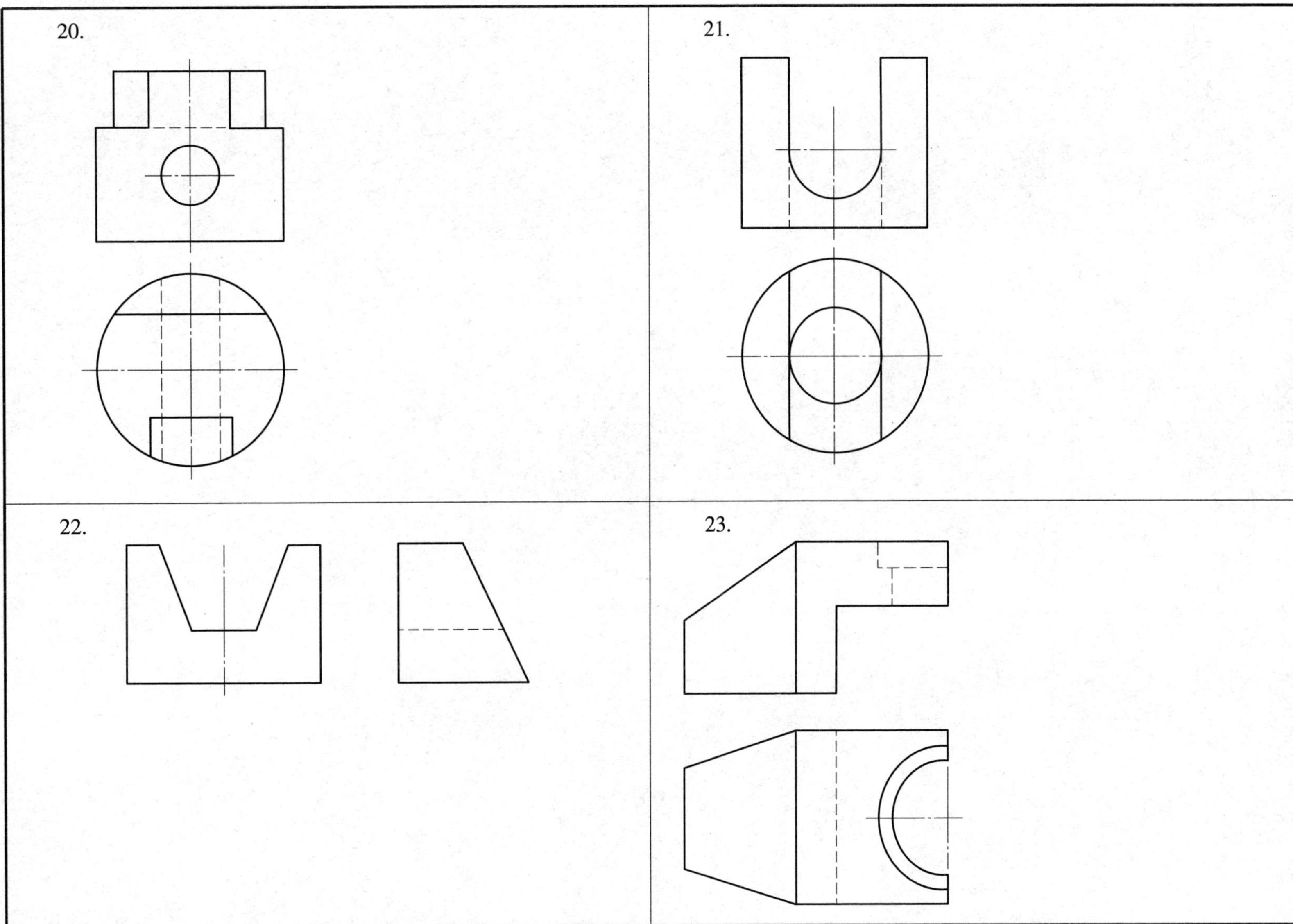

6-8　补缺线

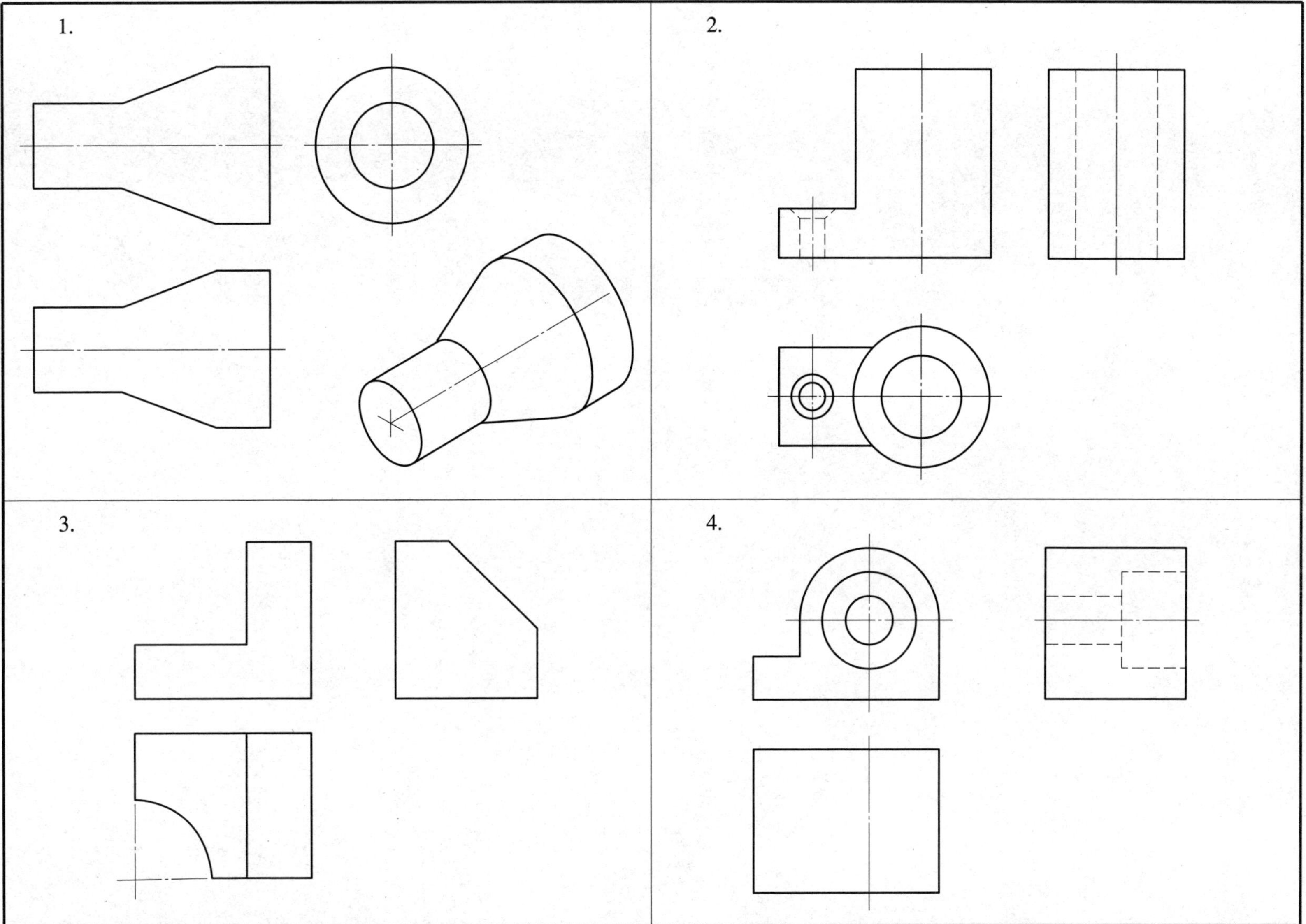

6-8（续）

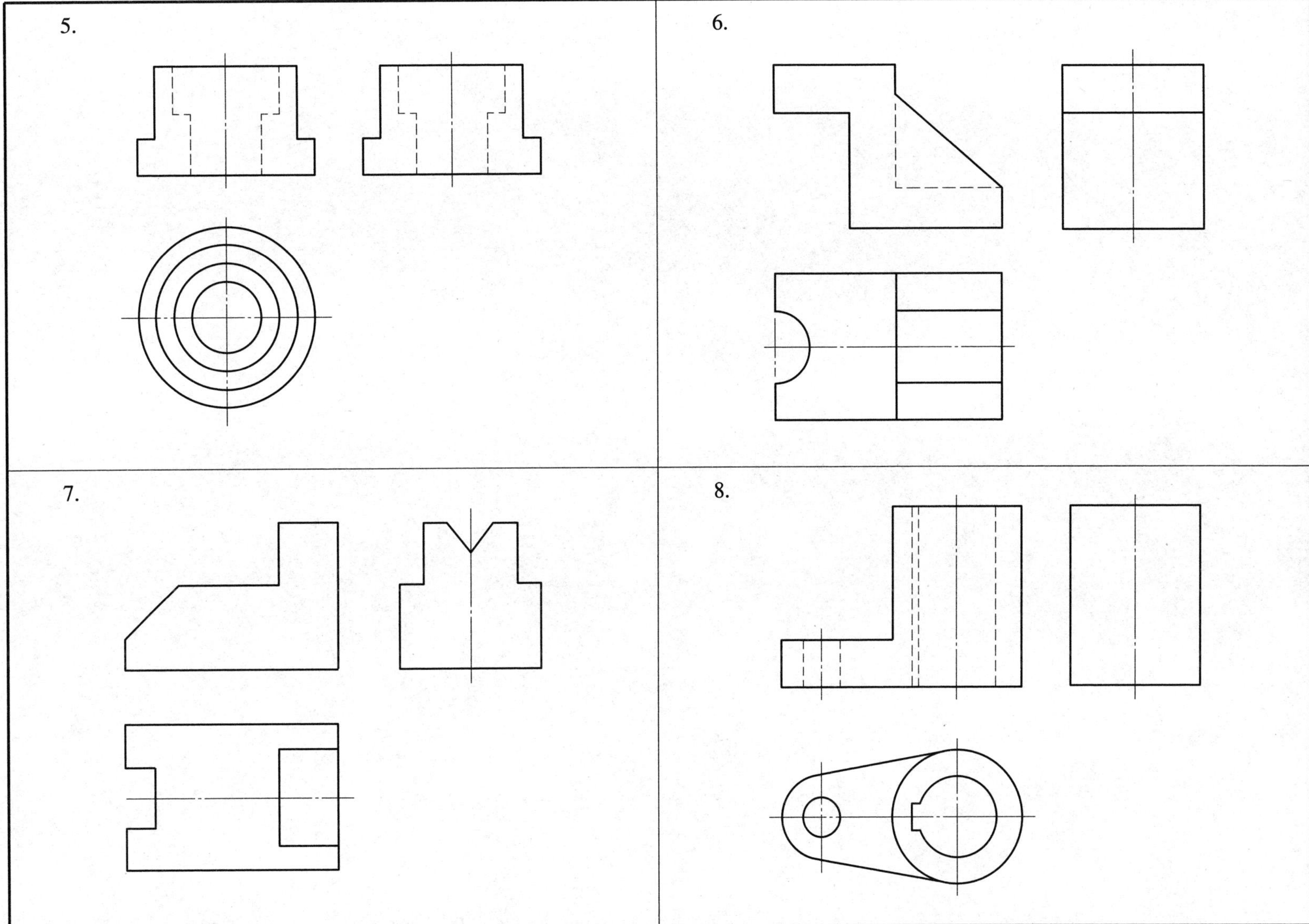

6-8（续）

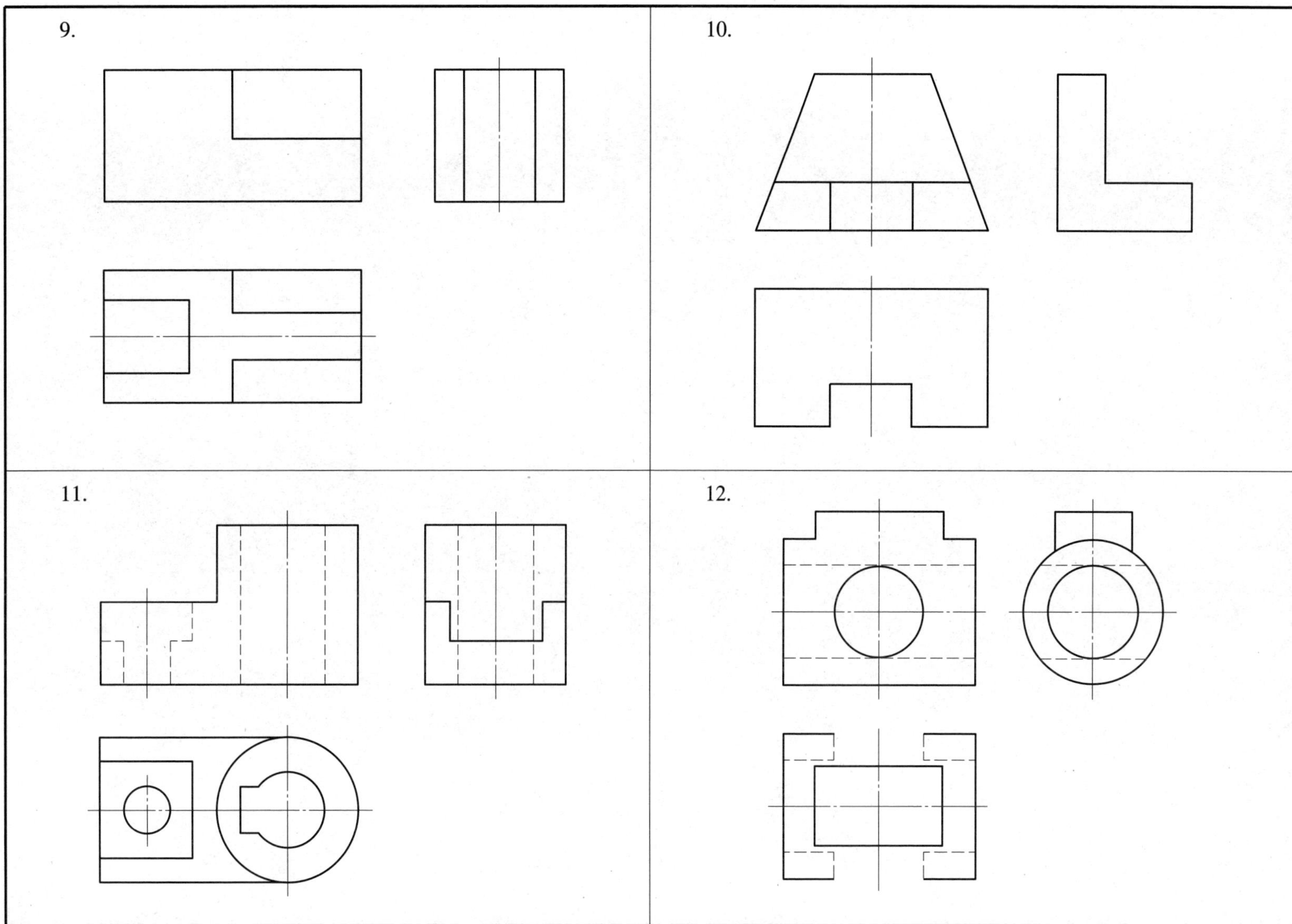

6-8（续）

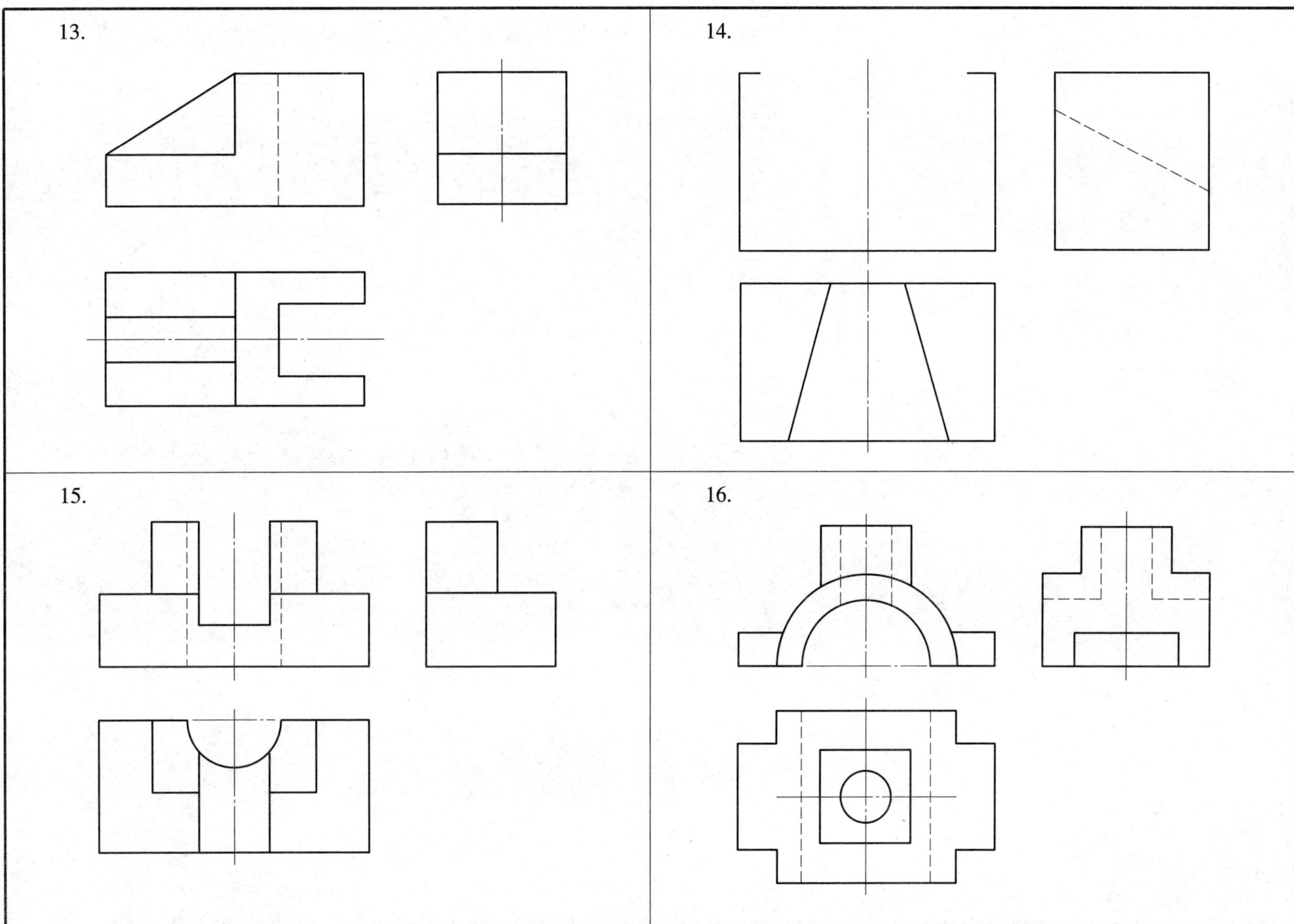

课题七　机件的基本表示法

7-1　根据主、俯、左三视图，补画右、后、仰三视图

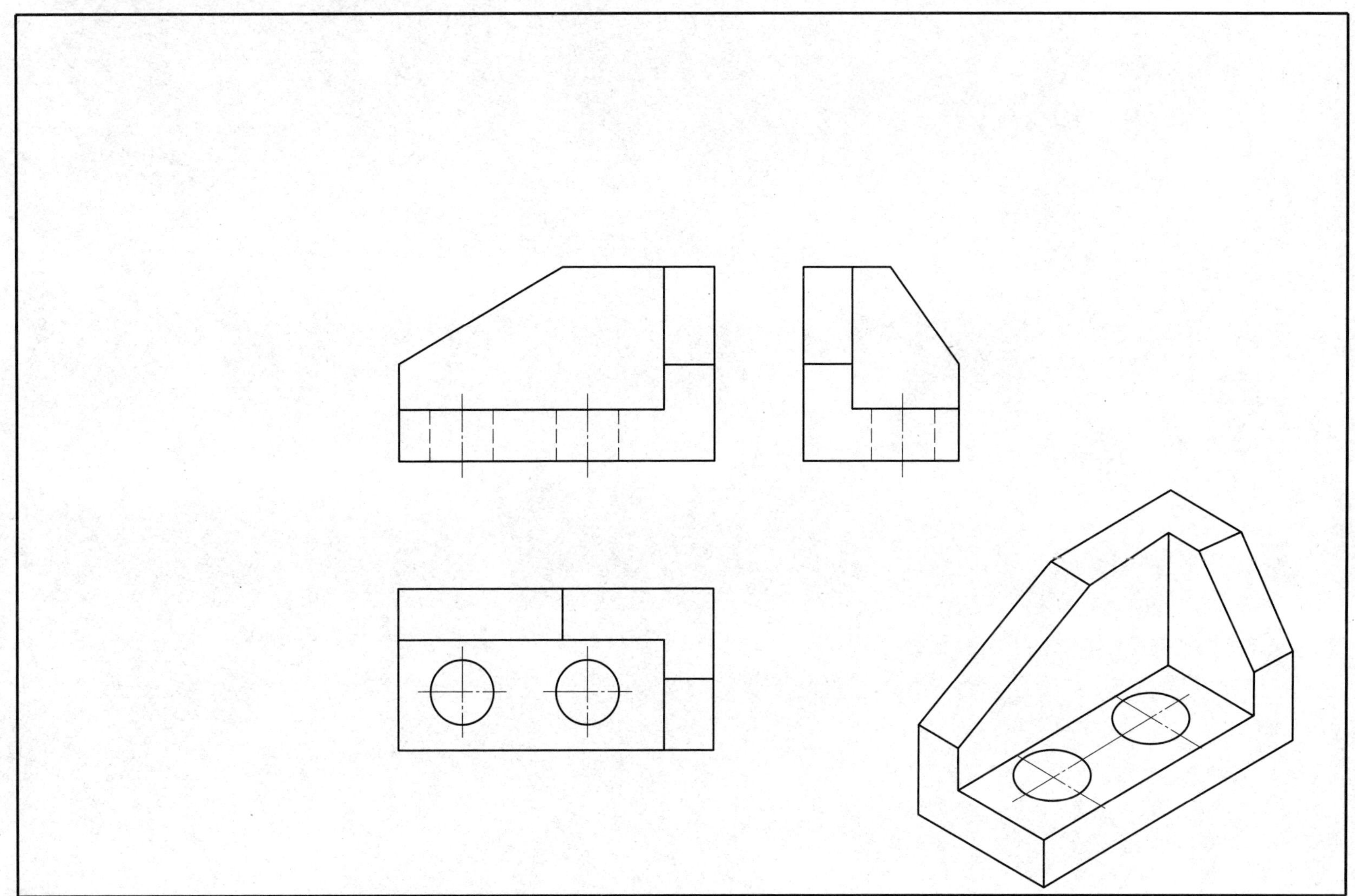

7-2　根据主、俯、左三视图，补画指定的向视图

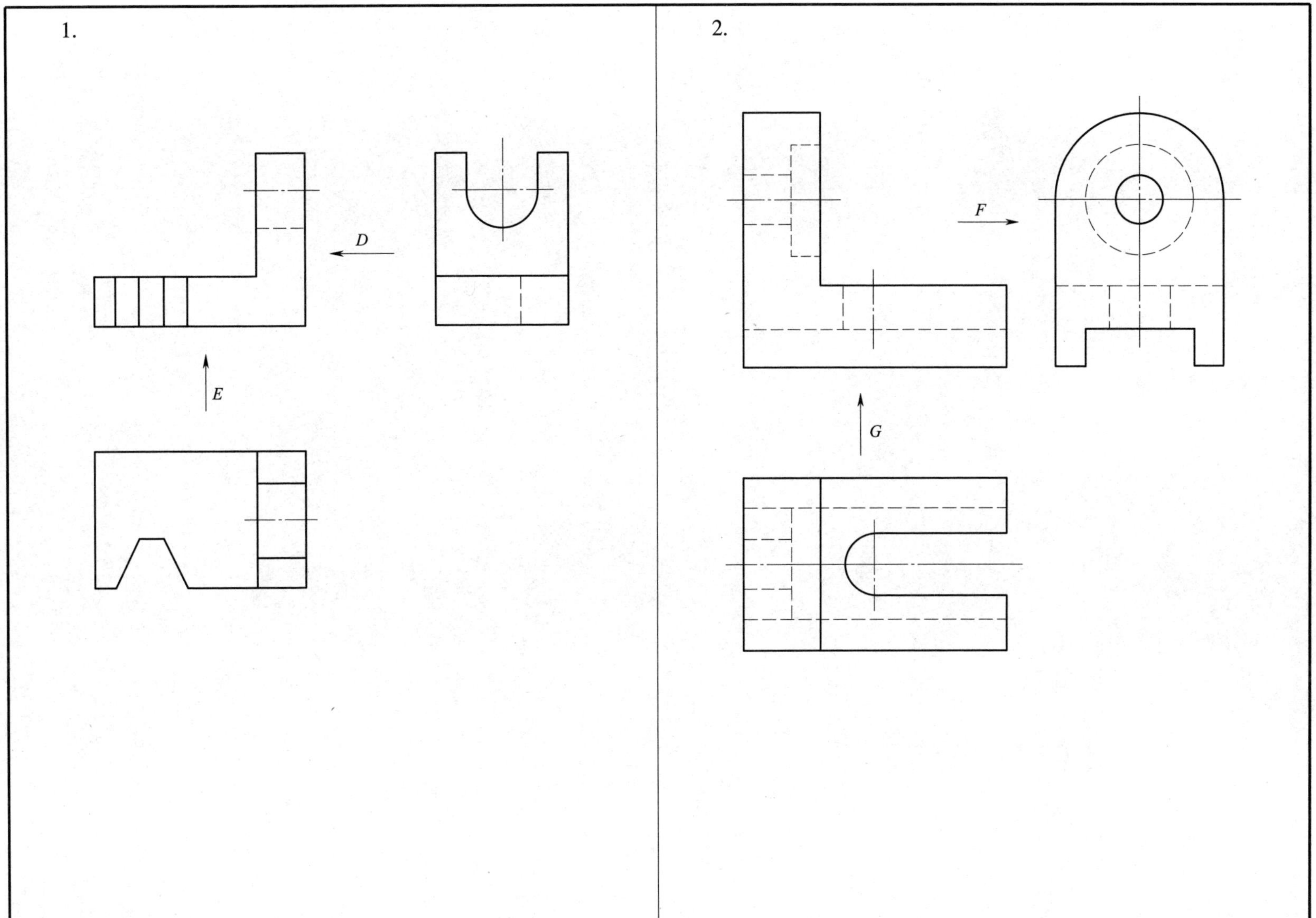

7-3 局部视图和斜视图

根据主视图和轴测图中所注的尺寸，补画出 *A*、*B*、*C* 各向视图（按 1∶1 的比例绘制）。

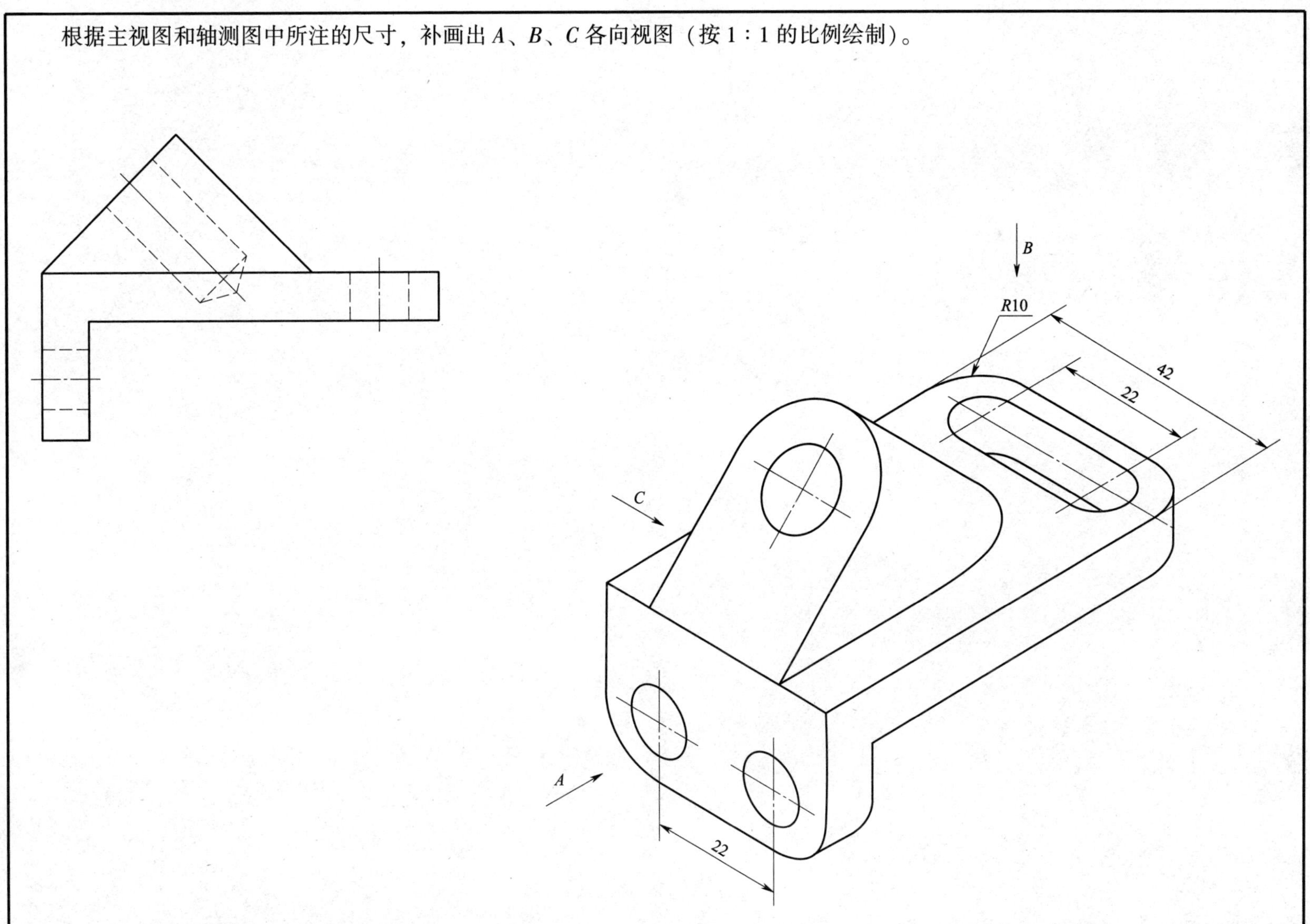

7-4　将主视图改画成全剖视图

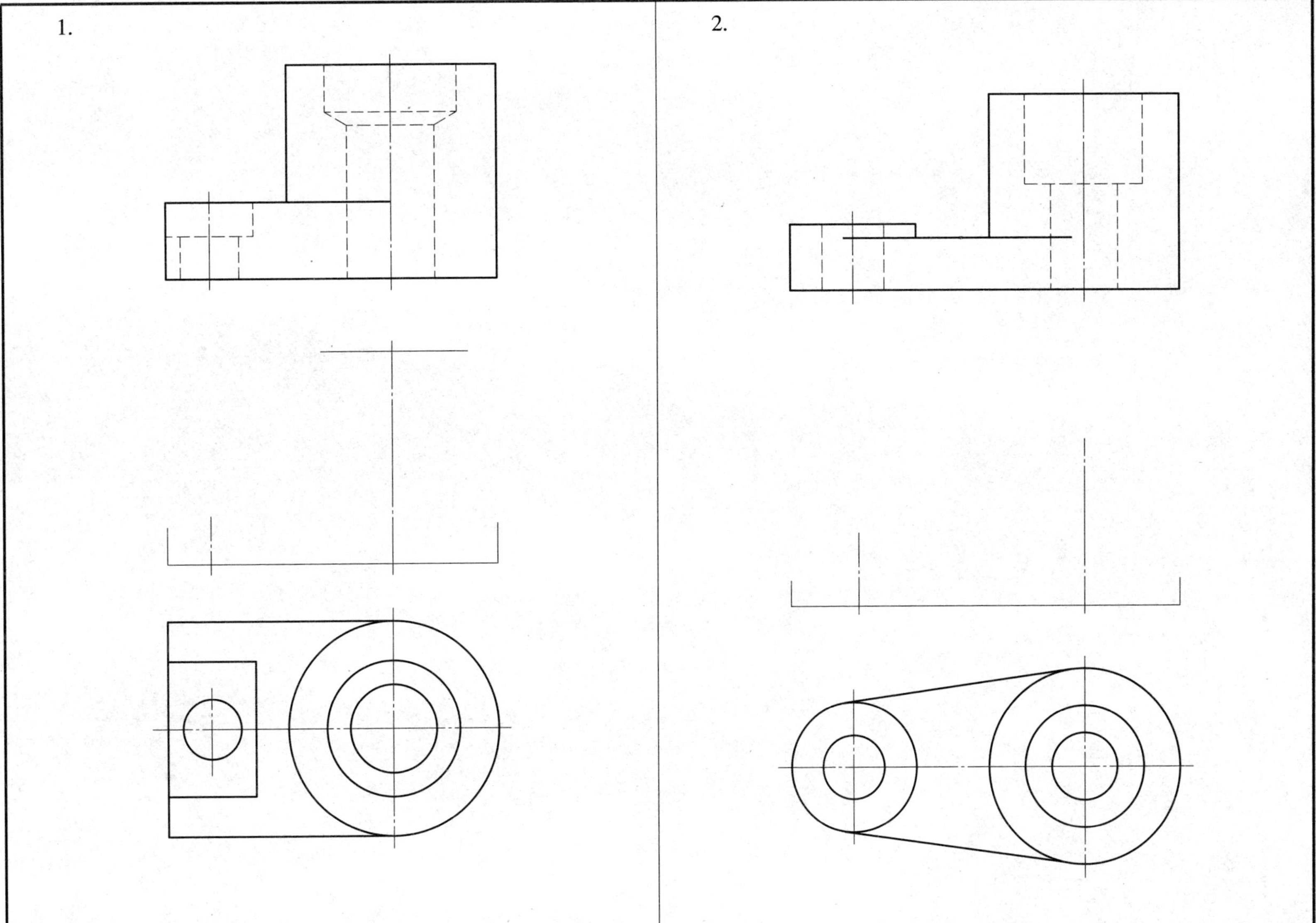

7-4（续）

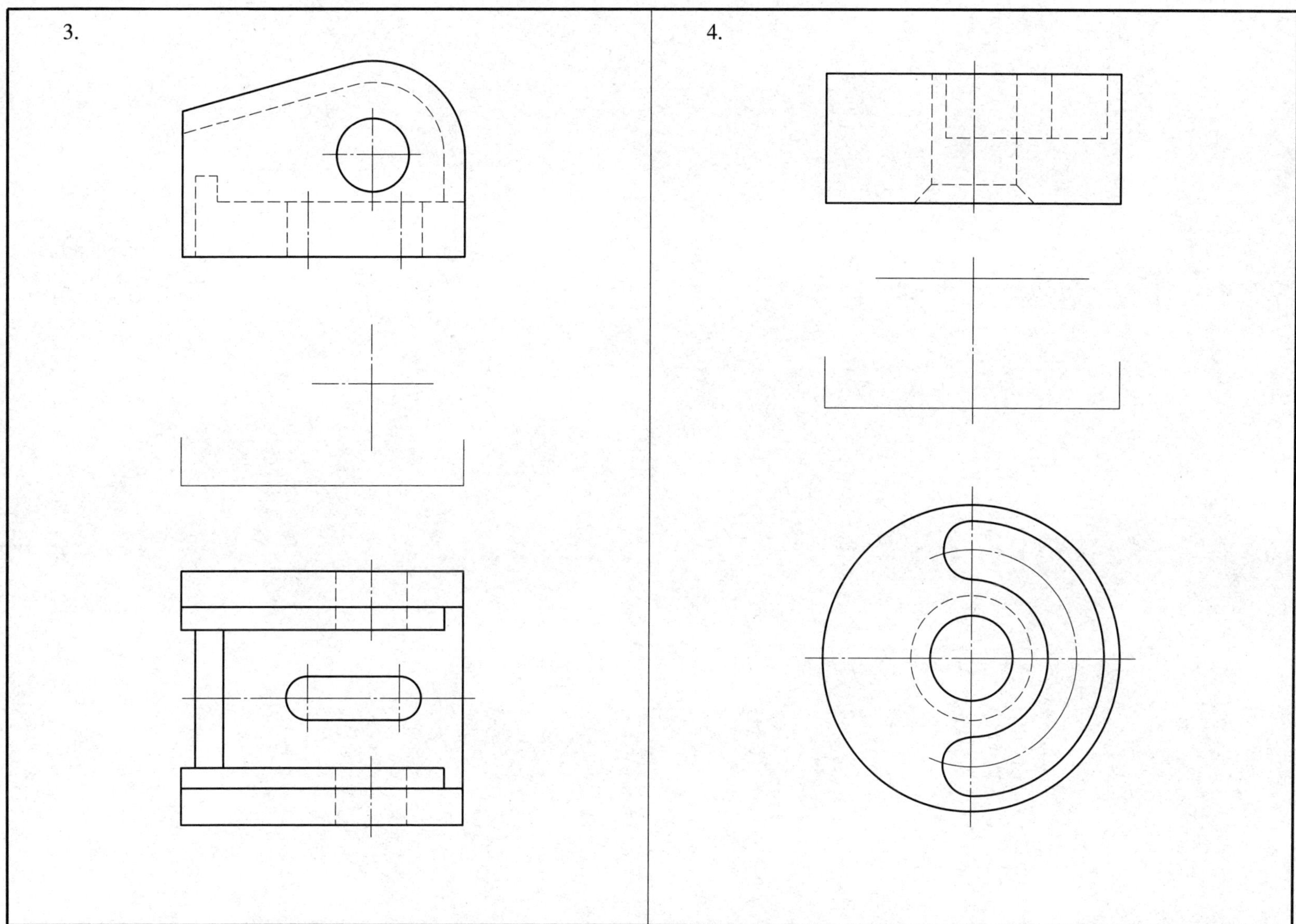

7-5　参照立体图，将主视图改画成全剖视图

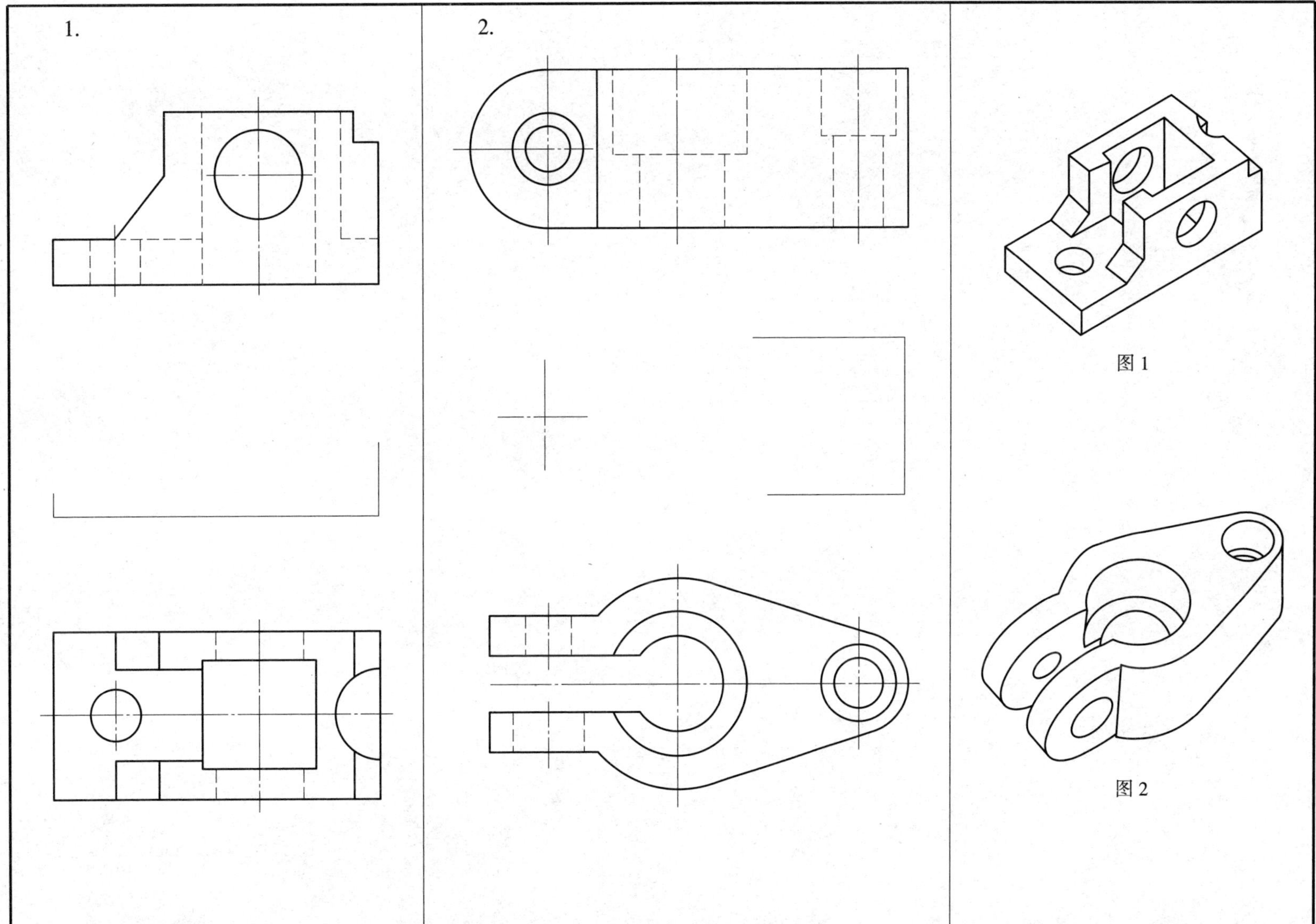

7-5（续）

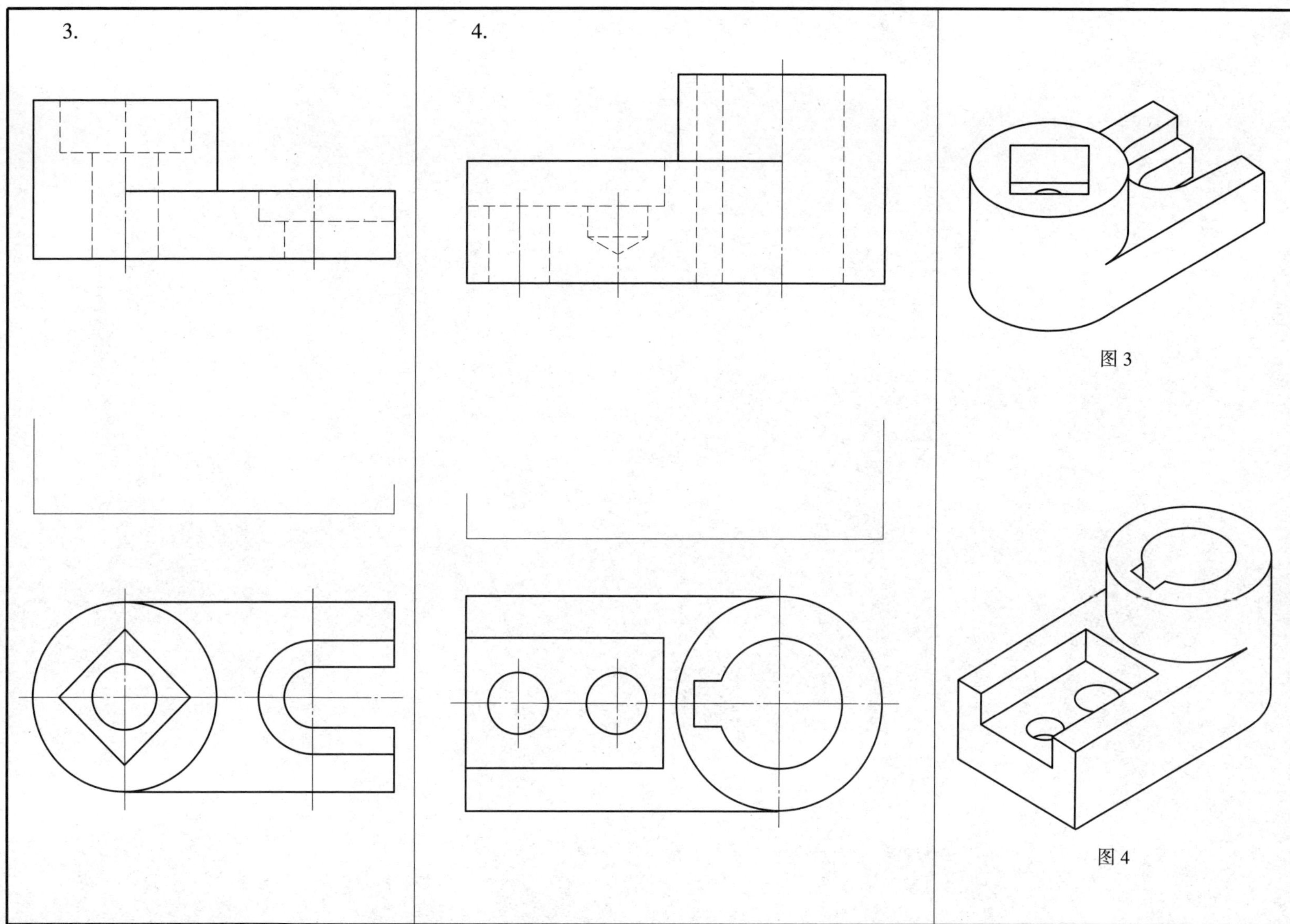

图 3

图 4

7-6 全剖视图

1. 将主视图改画成全剖视图。

2. 根据立体图，画出全剖视图的左视图。

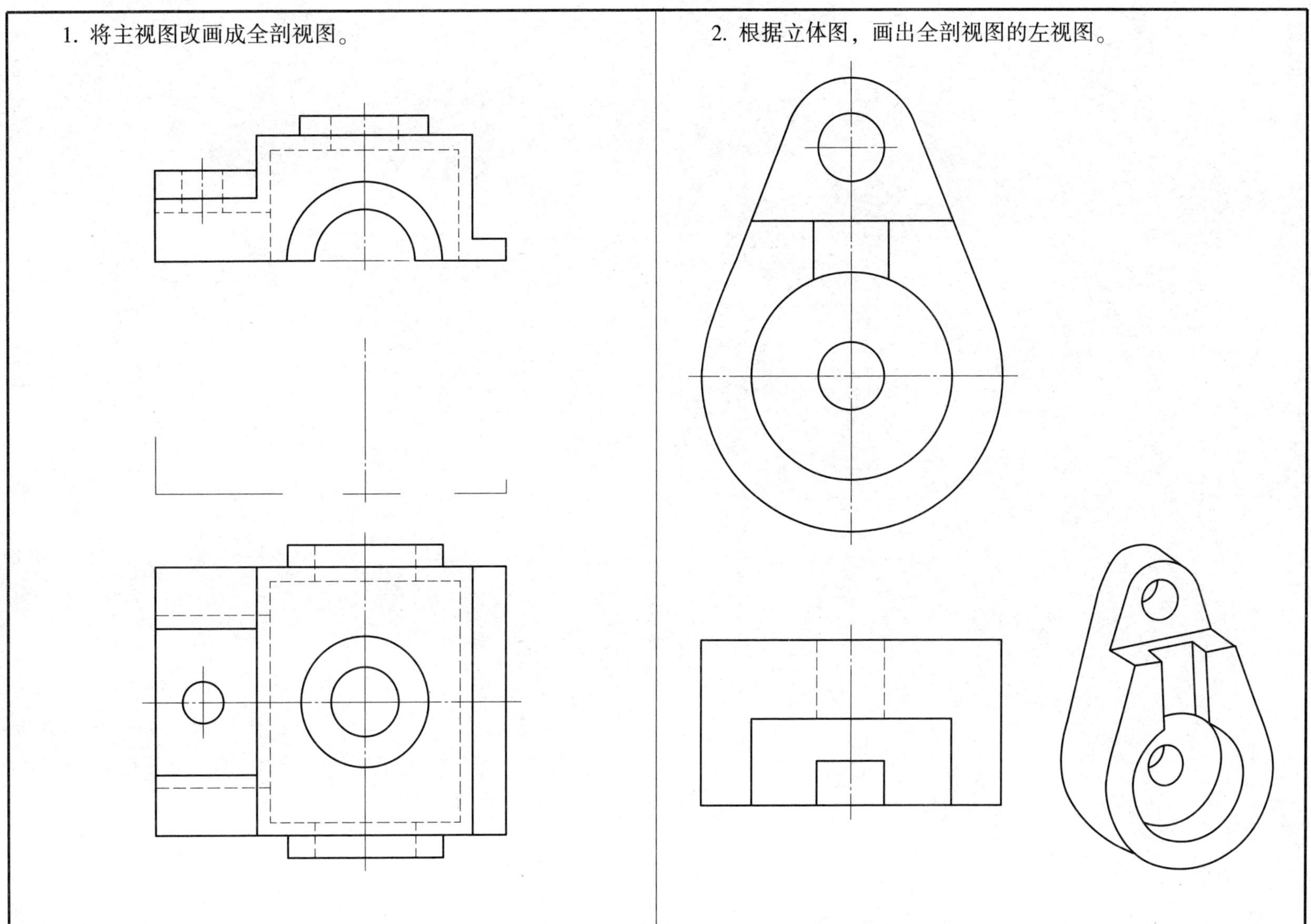

7-7　参照立体图，将主视图改画成半剖视图，将左视图画成全剖视图

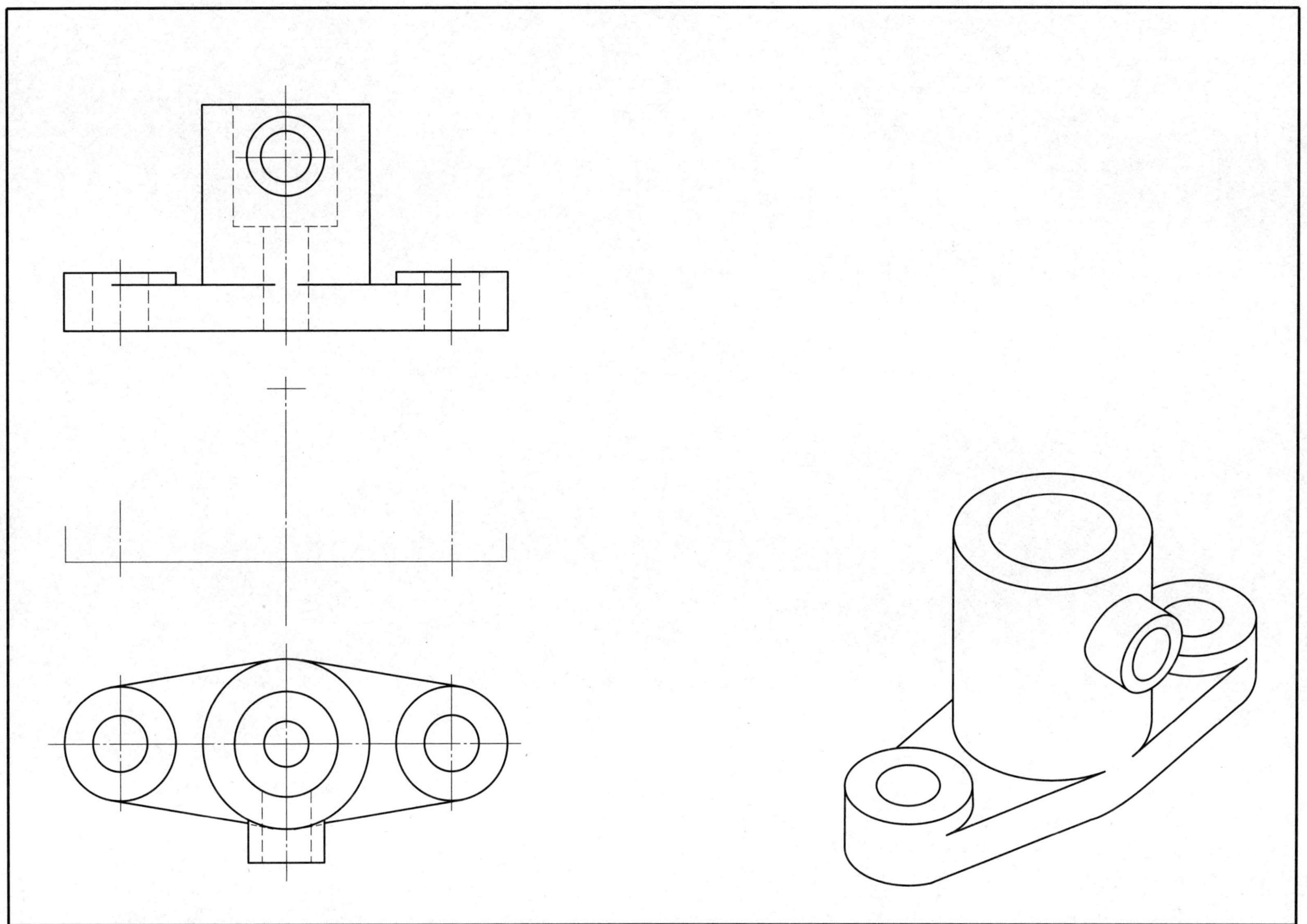

7-8　将主视图改画成半剖视图

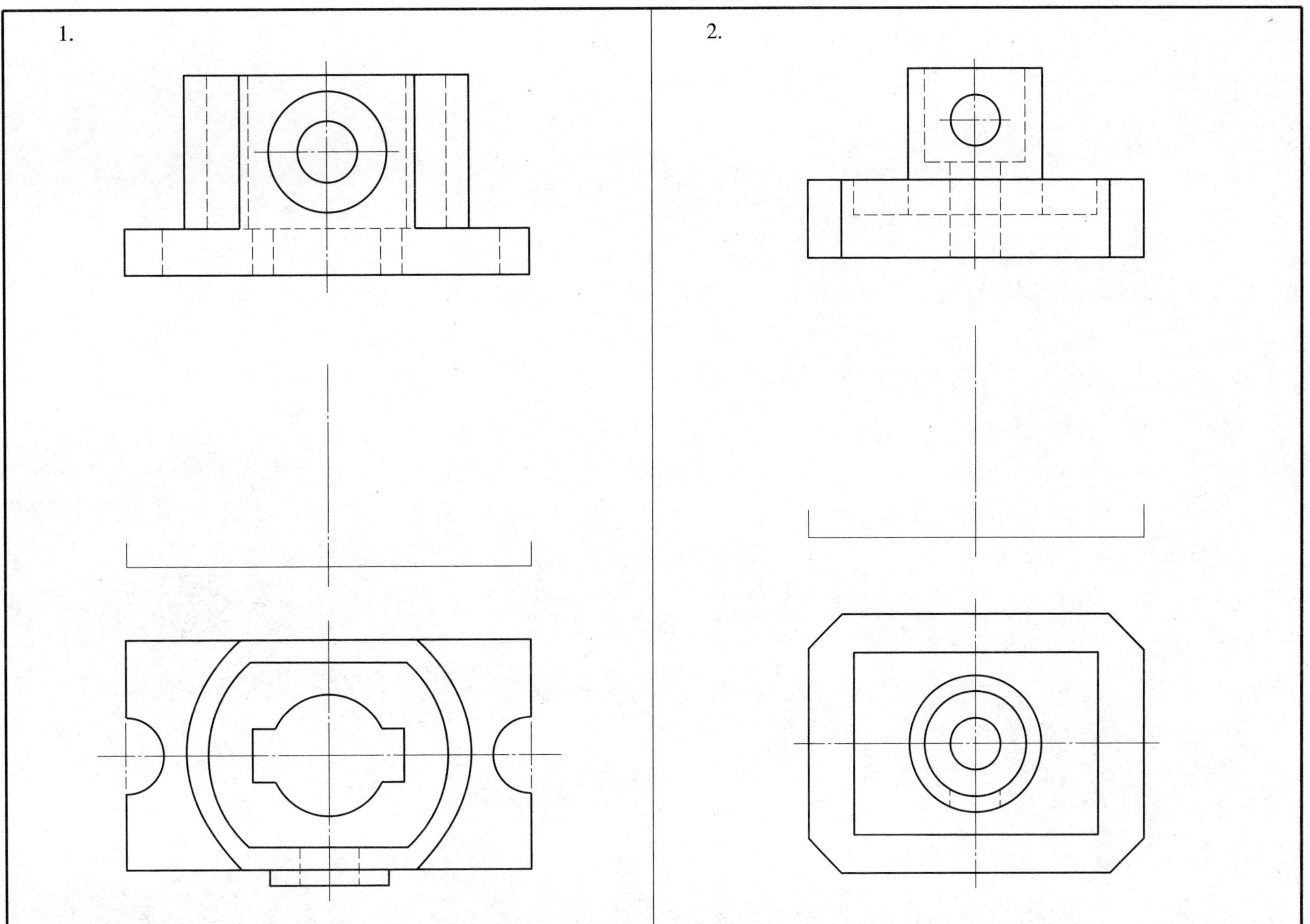

7-9　全剖视图、半剖视图

1. 将主视图改画成半剖视图。

2. 将主视图改画成全剖视图，并将左视图画成半剖视图。

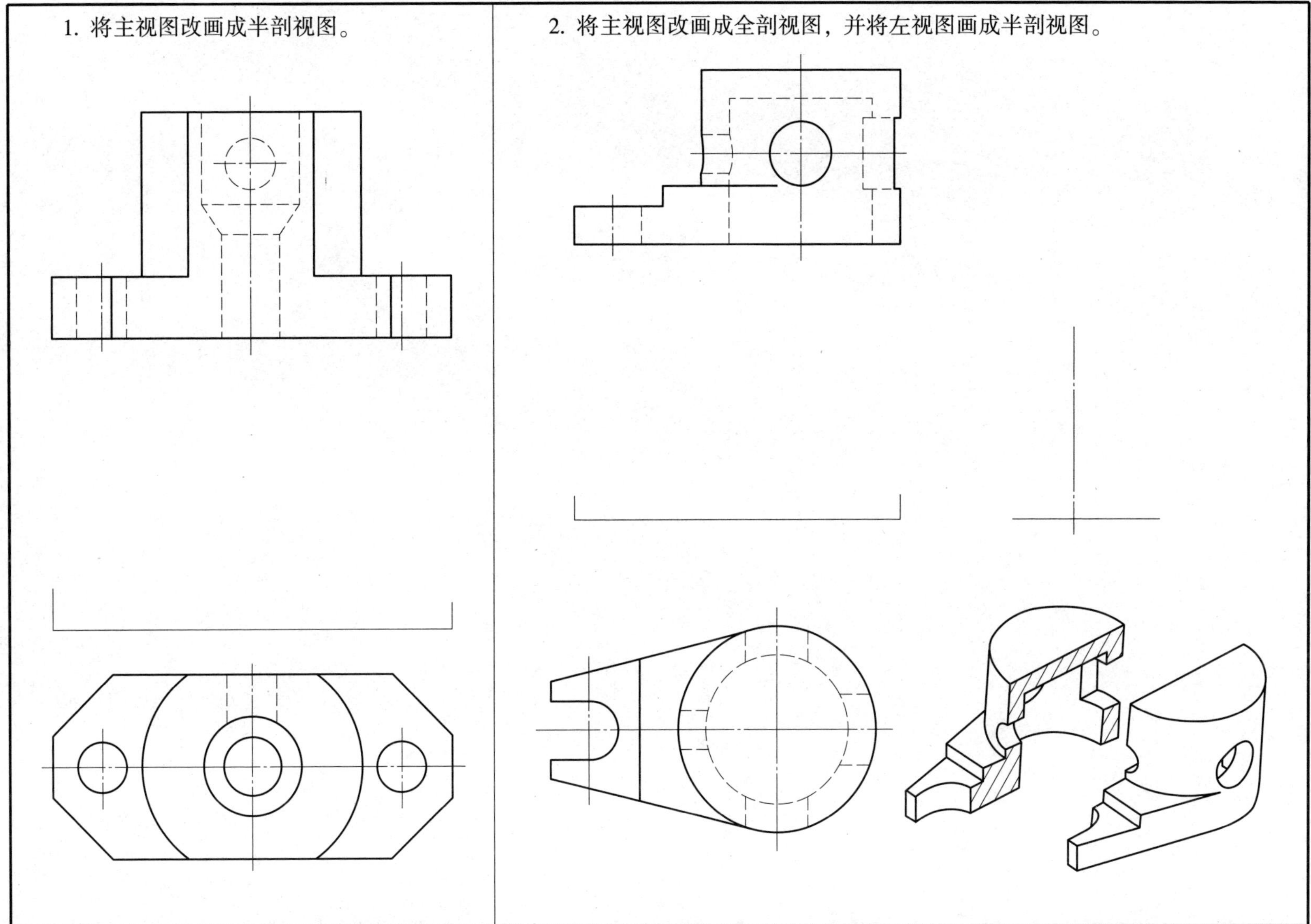

7-10　分析下列剖视图，将正确的序号填入括号内

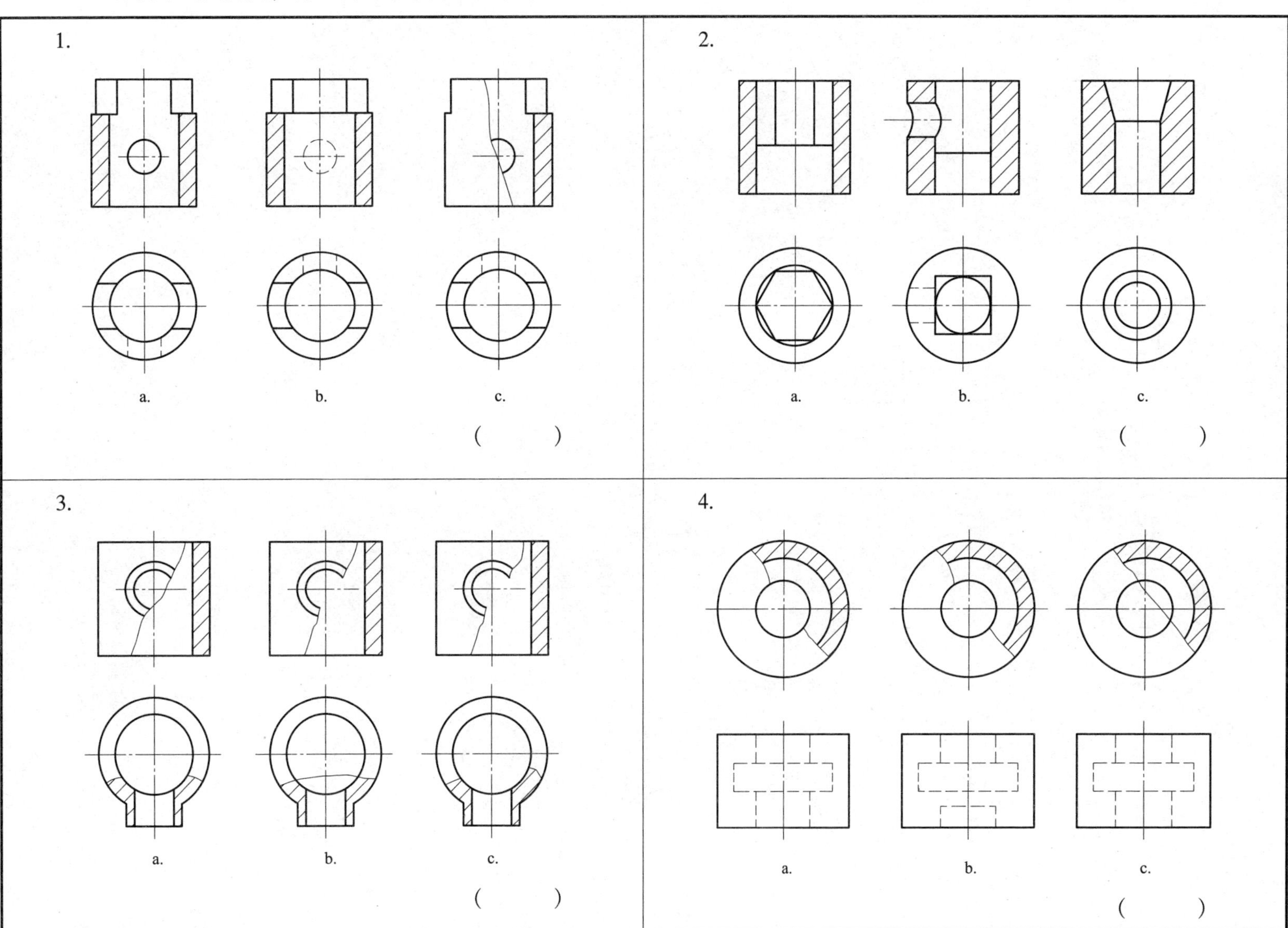

7-11 局部剖视图

1. 把视图改画成局部剖视图。

2. 分析剖视图中的错误，在右边作出正确的剖视图。

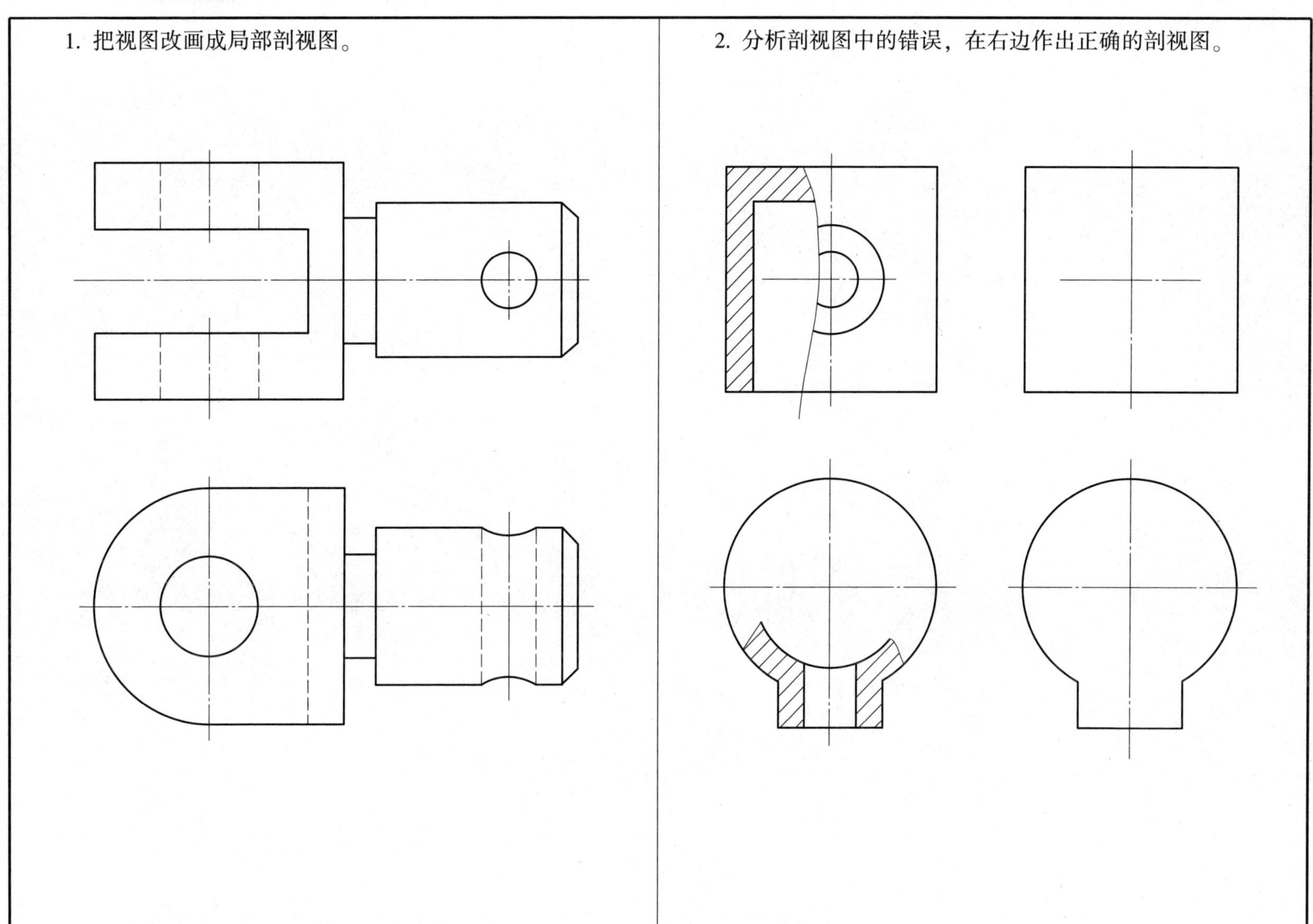

7-12　补画半剖视图、局部剖视图中的缺线。

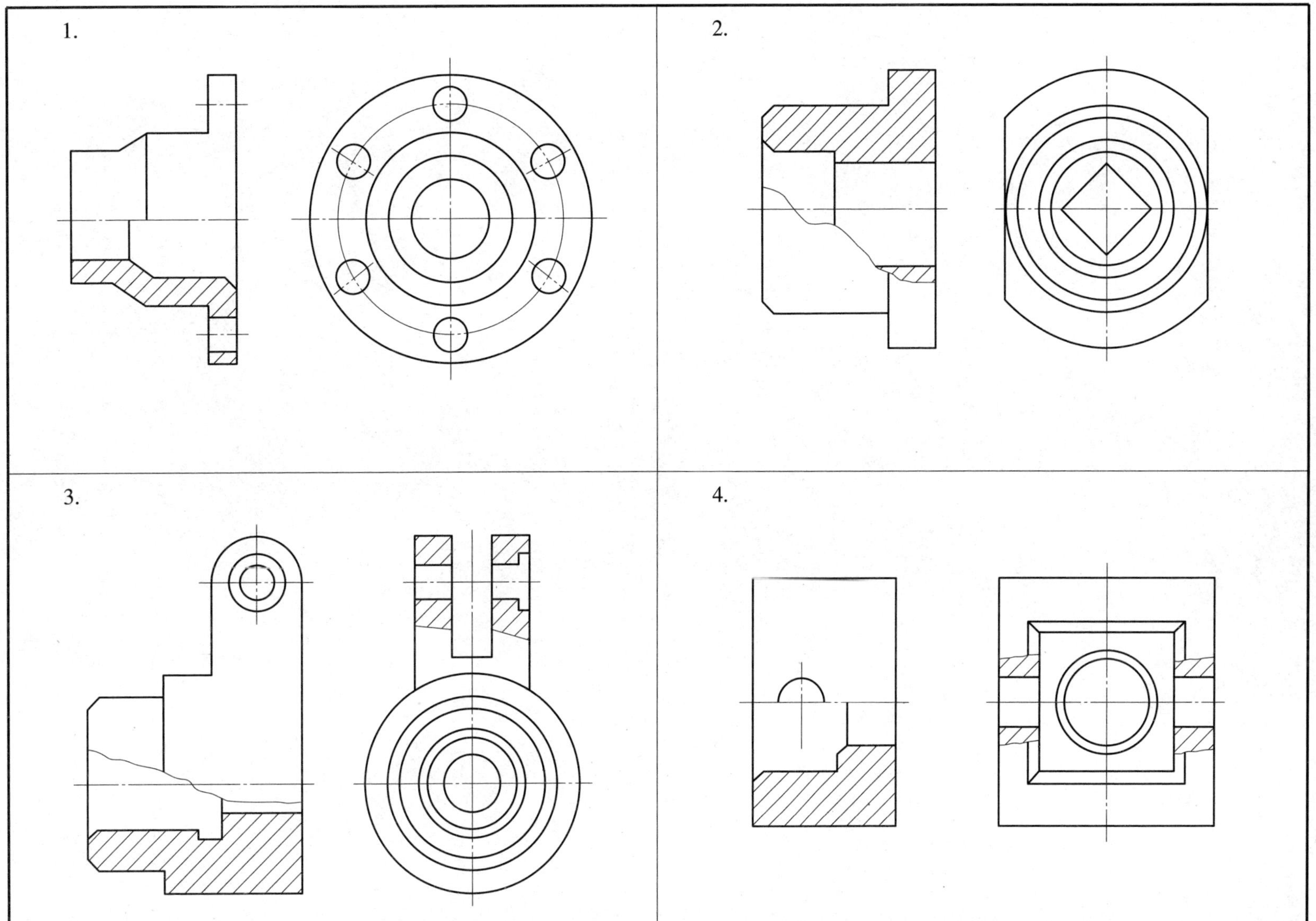

7-13　根据左边的视图，将右边的图形改画成局部剖视图

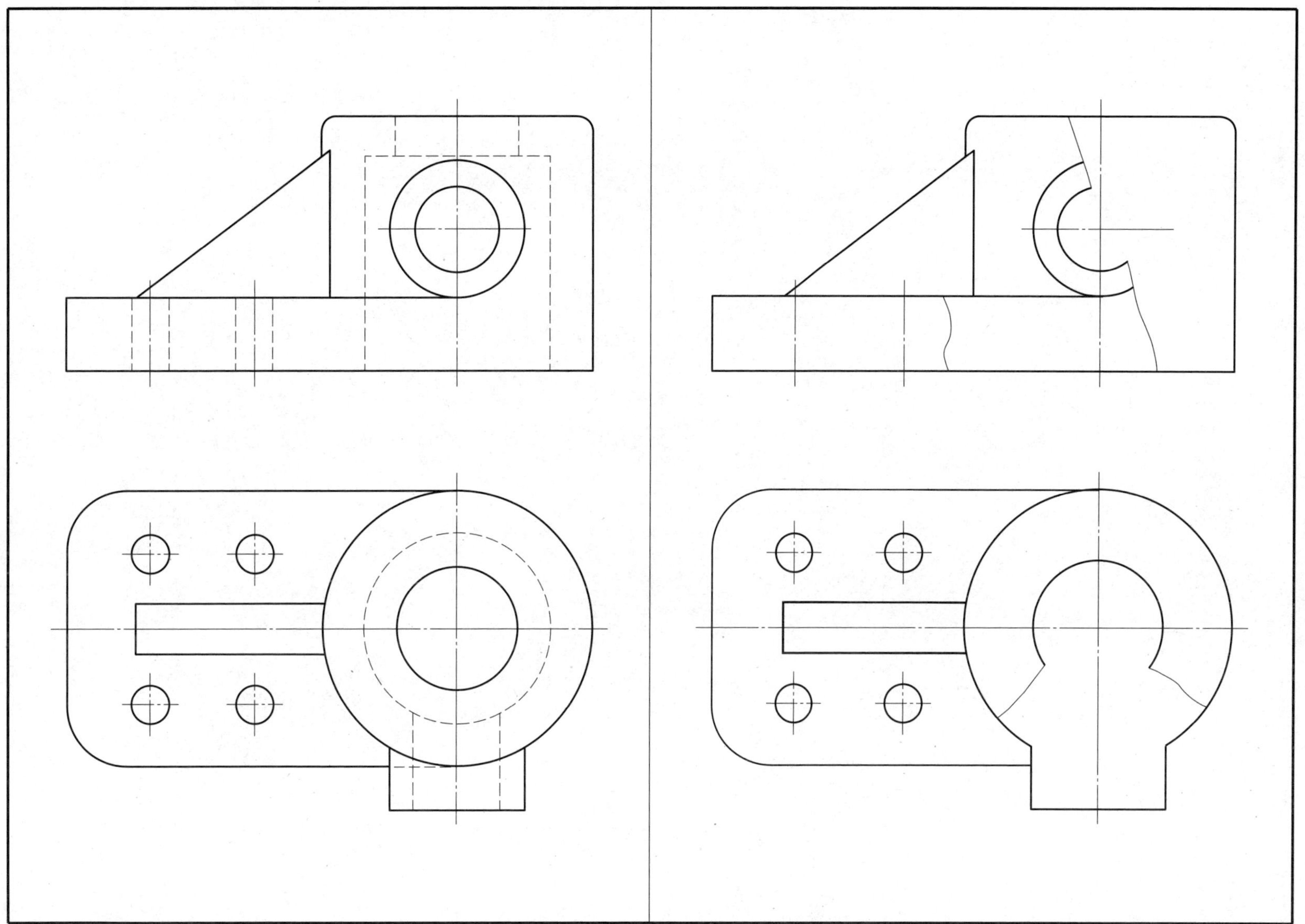

7-14　将主视图改画成用几个平行的剖切平面剖切的全剖视图，并按规定进行标注

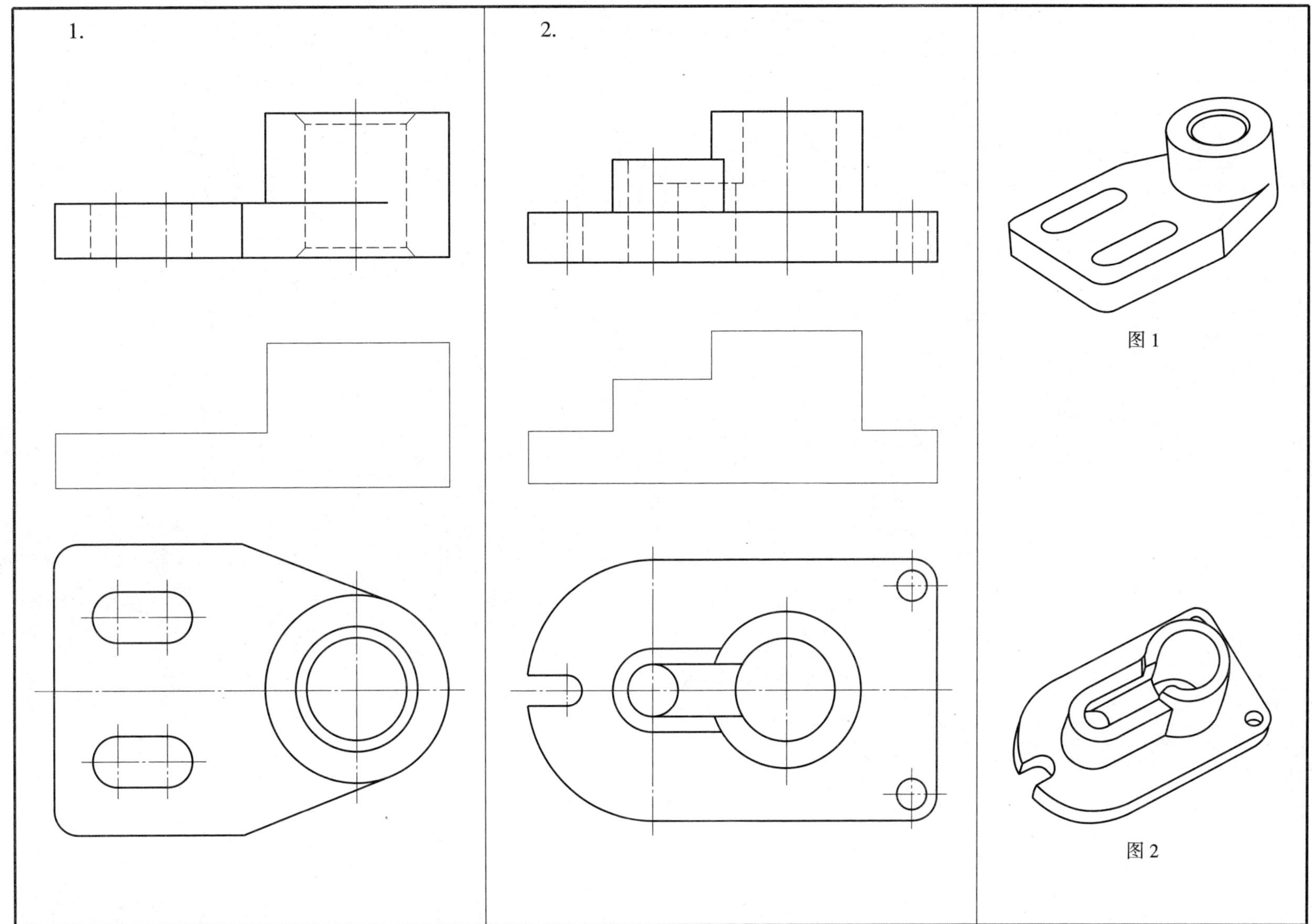

图 1

图 2

7-14（续）

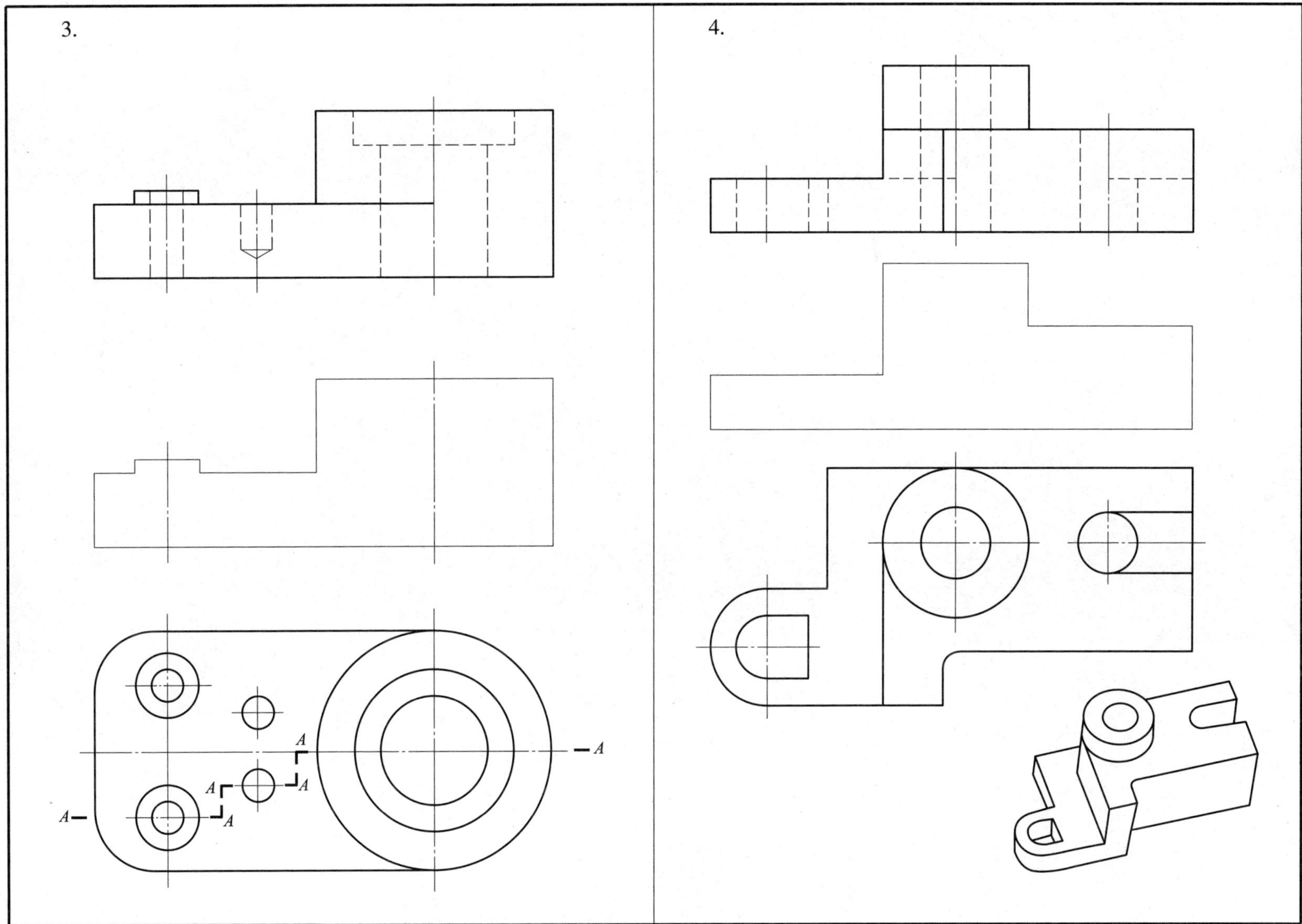

7-15　在指定位置把主视图画成用相交的剖切面剖切的全剖视图，并按规定进行标注

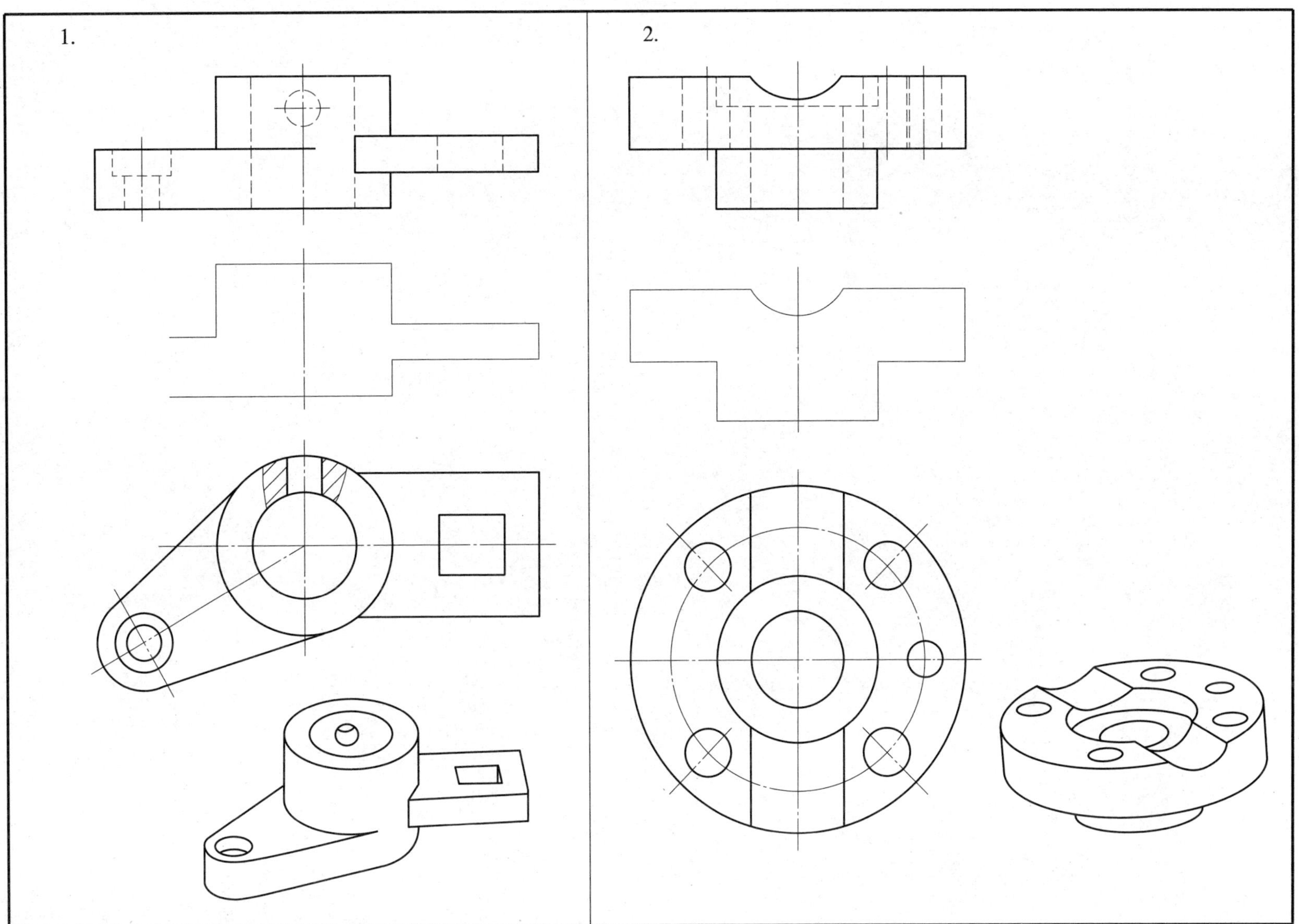

7-16 采用适当的剖切面，在指定位置把主视图画成全剖视图，并按规定进行标注

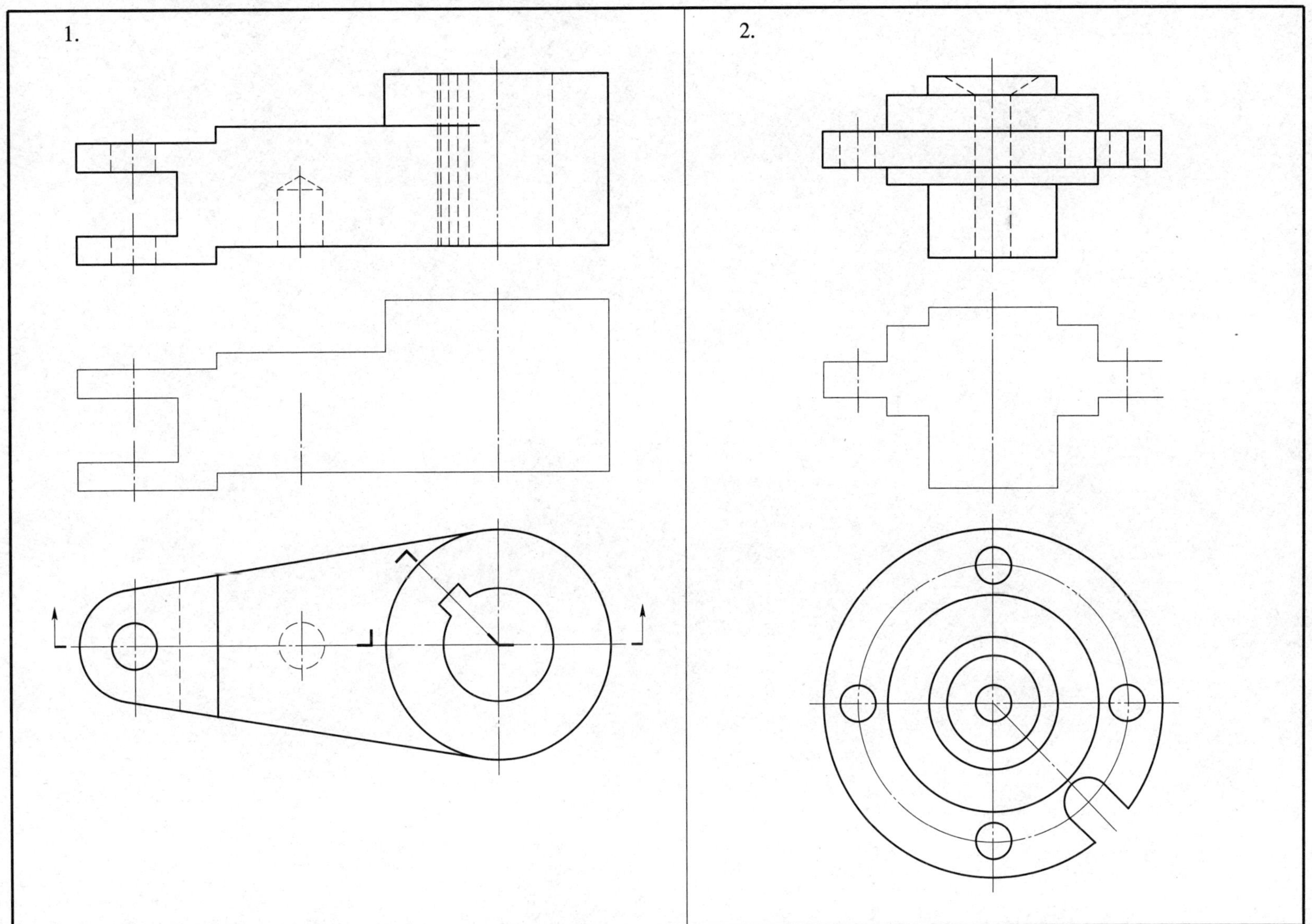

7-17 在视图下方的各断面图中选出正确的断面，并在选定的断面图上方和视图中标注断面图的名称（*A*—*A*、*B*—*B*、*C*—*C*）

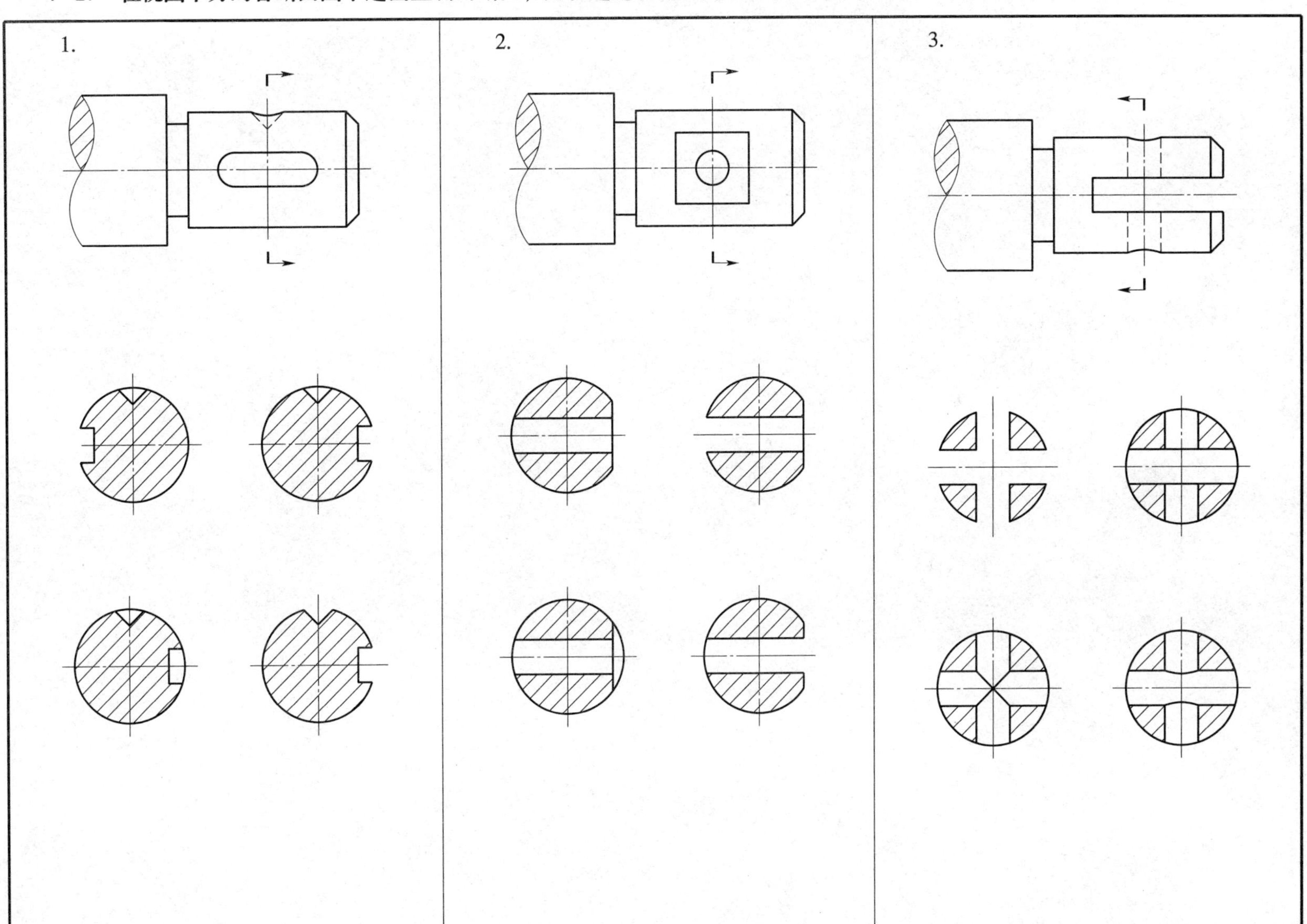

7－18　根据主视图，在对应中心线位置画移出断面图，并按规定进行必要的标注

1.

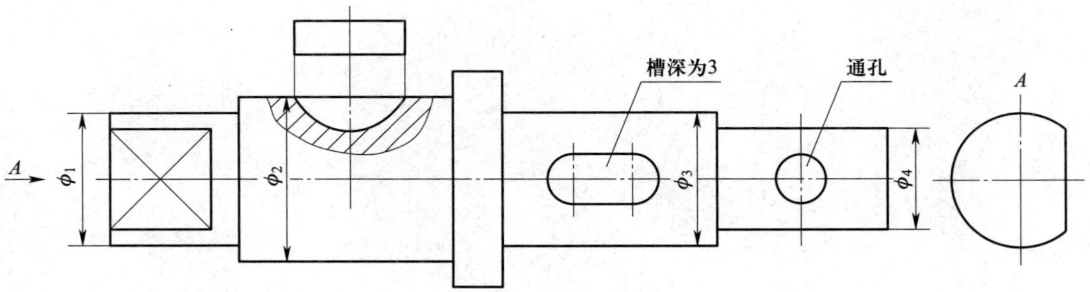

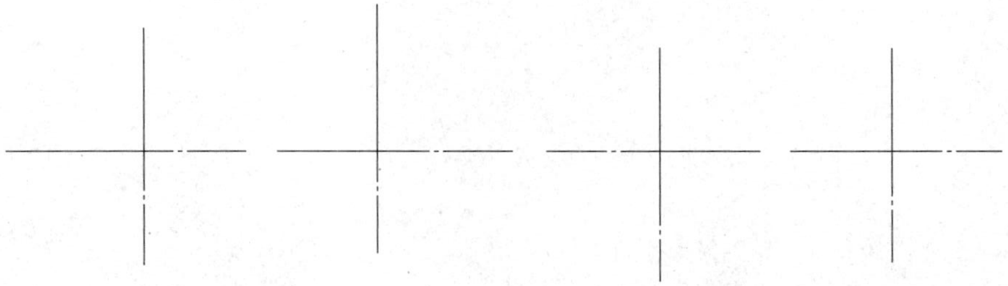

2.（后面无键槽）

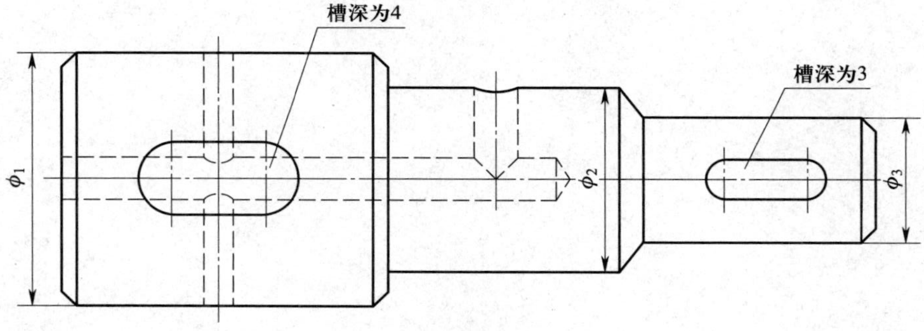

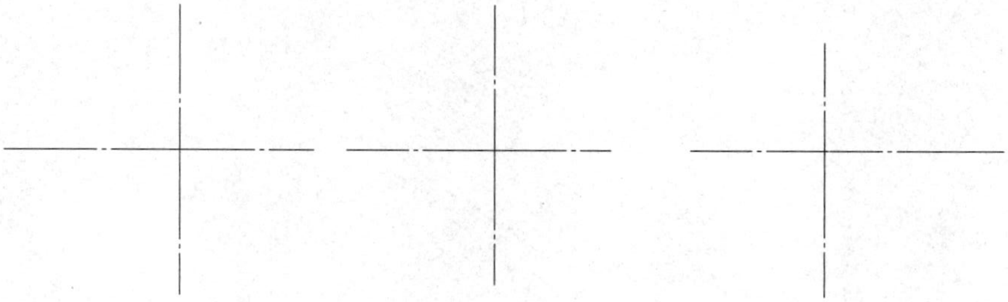

7-19 按剖切位置或剖切符号画移出断面图

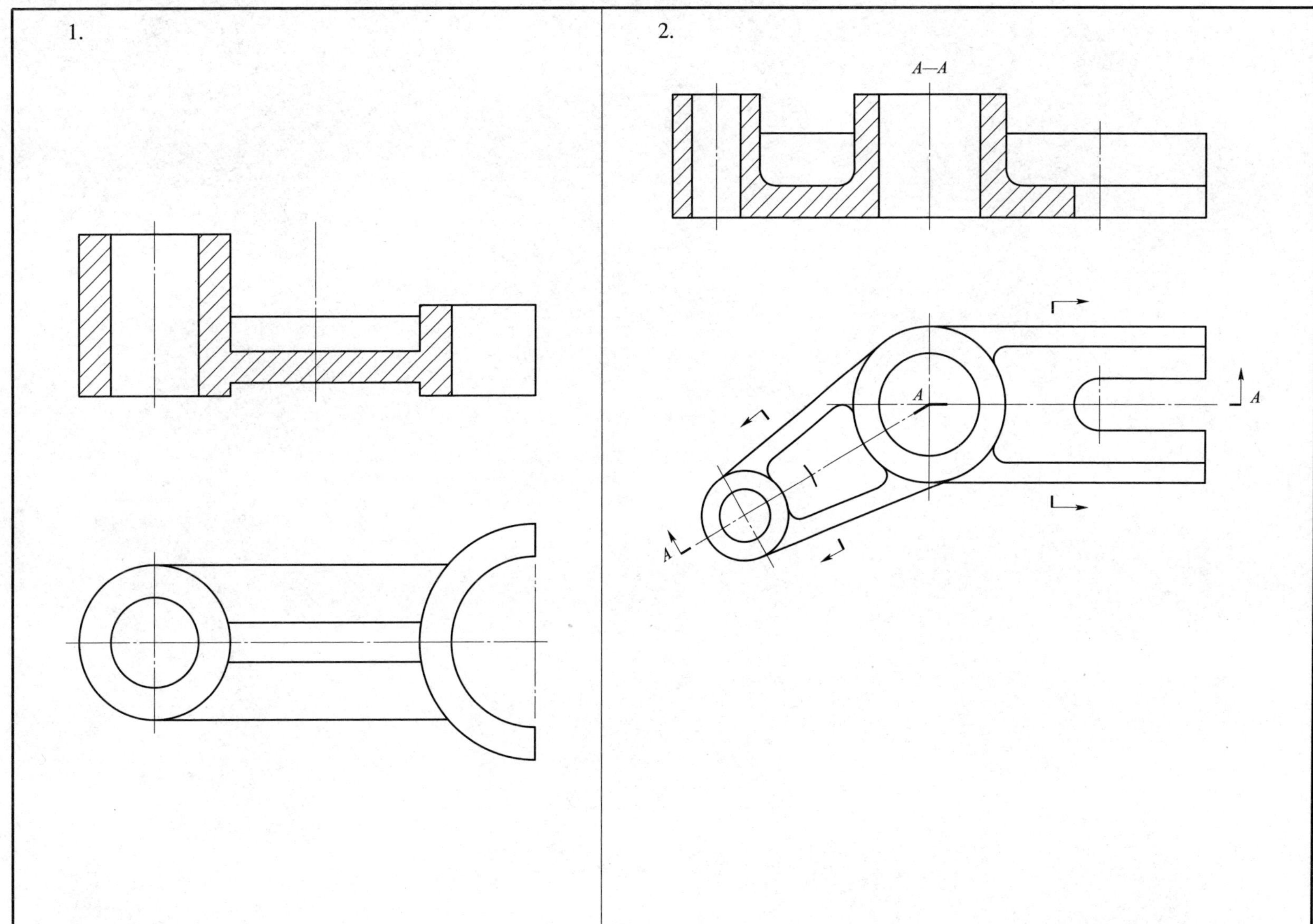

7-20　按简化画法的规定修改下列剖视图

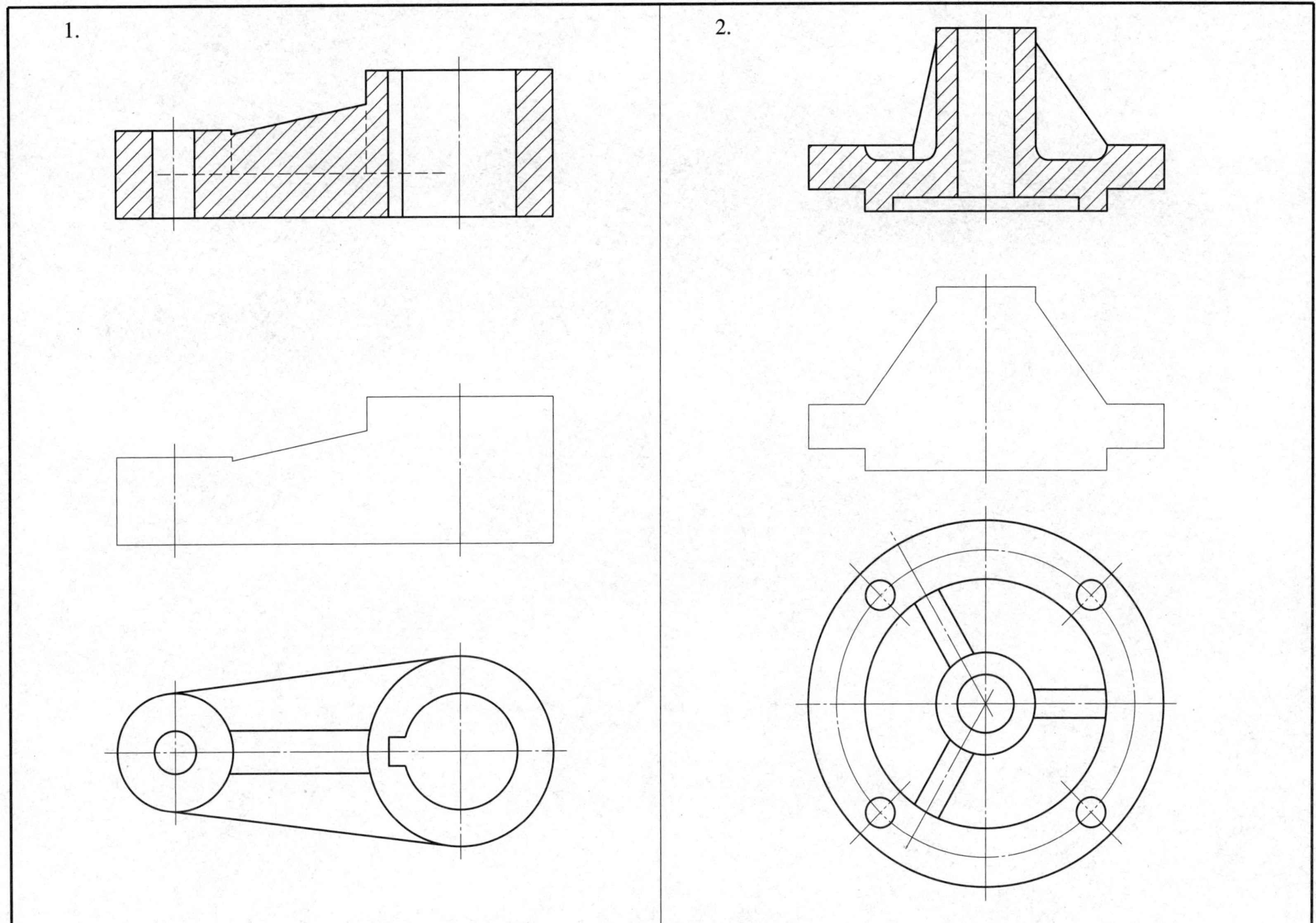

课题八　常用机件的特殊表示法

8-1　分析图中的错误，并在指定位置画出正确的图形

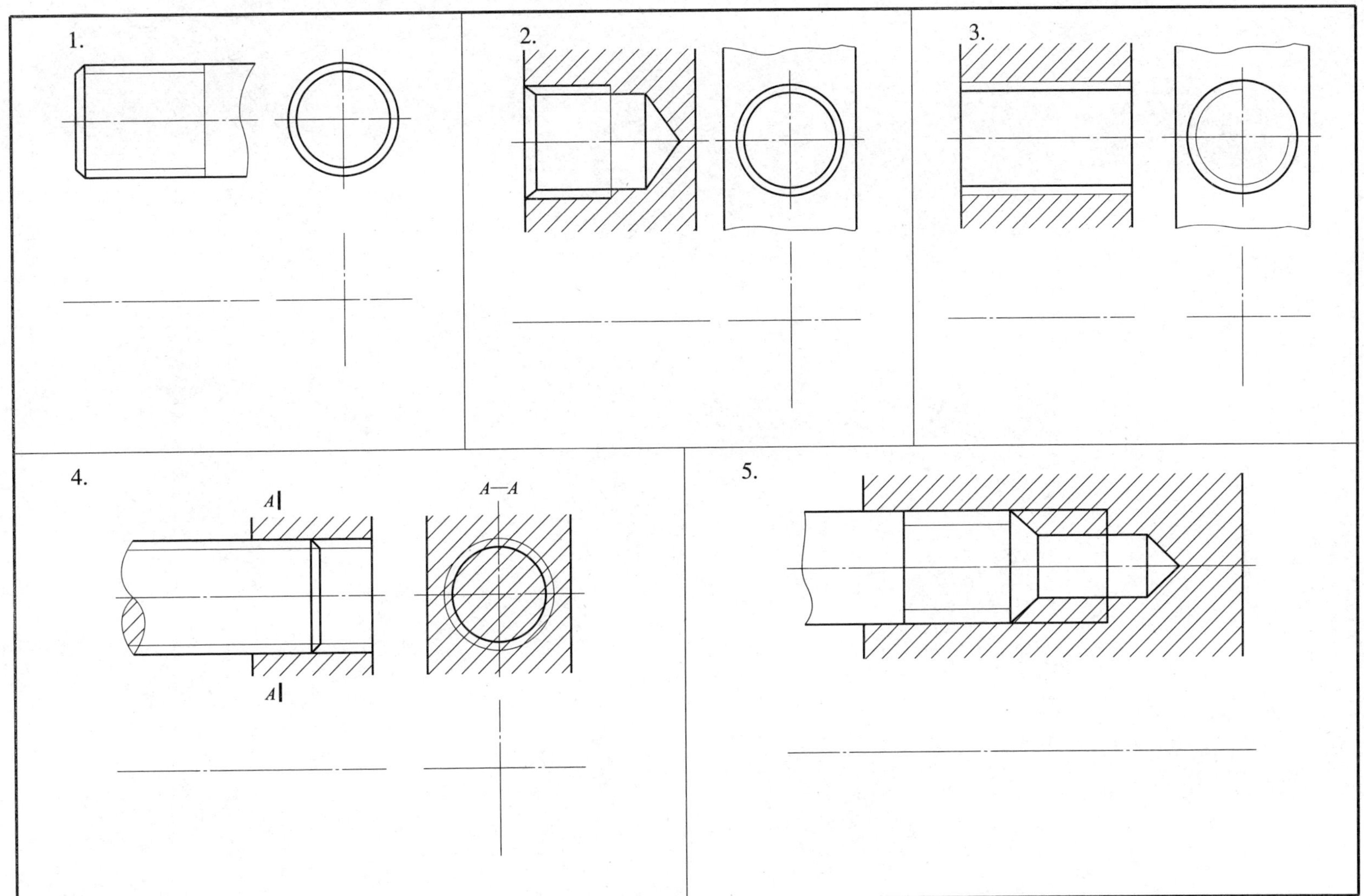

8-2 螺纹画法和代号

1. 按给定的尺寸在下图中画出螺纹。

（1）外螺纹 M24，螺纹长度为 35 mm。

（2）内螺纹 M16，钻孔深度为 35 mm，螺纹深度为 30 mm，孔口倒角为 $C2$ mm。

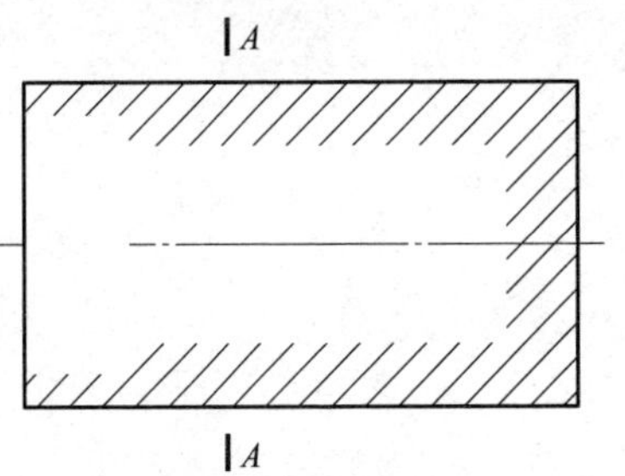

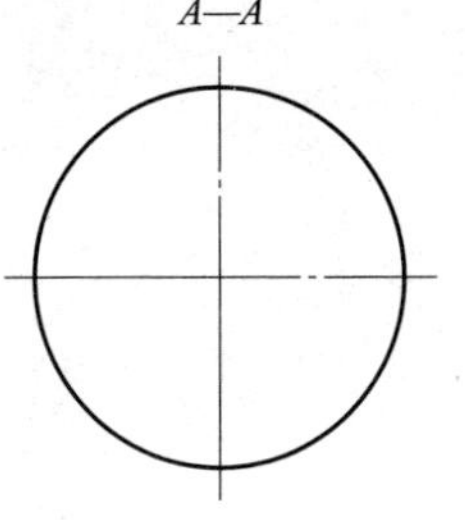

2. 指出下列代号的含义，并按项填入下表中（有的项目需查表确定）。

项目 / 代号	螺纹种类	内、外螺纹	大径 /mm	导程 /mm	螺距 /mm	线数	旋向	公差带		旋合长度
								中径	顶径	
M24—7g										
M20Ph3P1.5—6h										
M16—7H										
$G1\frac{1}{4}$—LH										
Tr52×16(P8)—8H—L										

8-3　根据给定的螺纹要素，标注螺纹的规定标记

1. 普通螺纹，粗牙，公称直径为24 mm，右旋，中径公差带代号为5g，顶径公差带代号为6g，中等旋合长度。 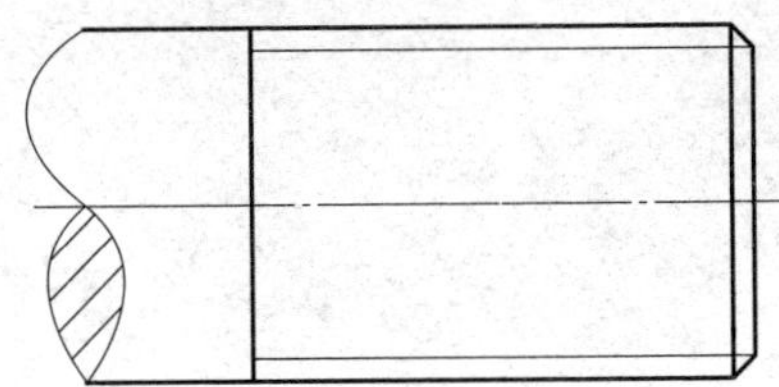	2. 普通螺纹，公称直径为24 mm，螺距为2 mm，左旋，中径公差带代号为5H，顶径公差带代号为6H，长旋合长度。 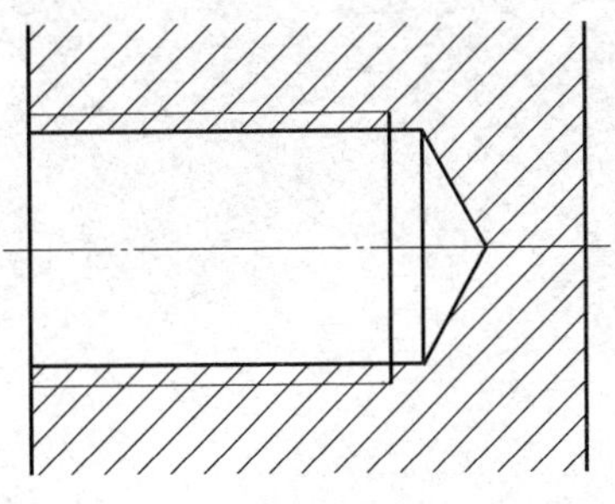	3. 55°非密封管螺纹，尺寸代号为3/4，右旋，螺纹中径公差等级为A。 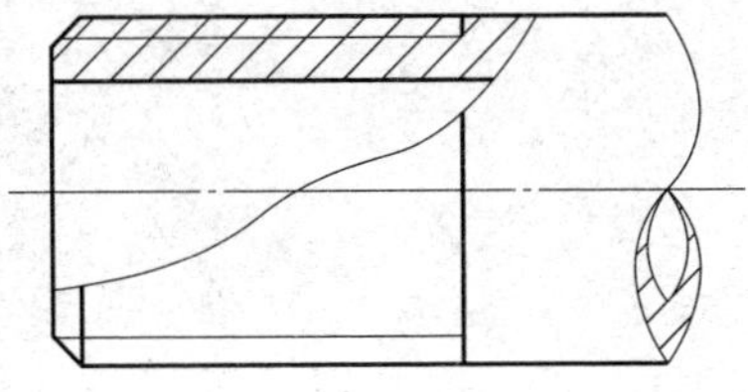
4. 梯形螺纹，公称直径为48 mm，螺距为7 mm，双线，左旋，中径公差带代号为8e。 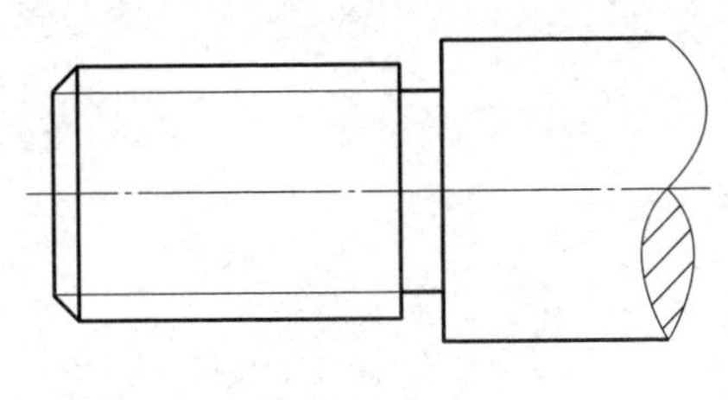	5. 55°密封管螺纹，与圆锥外螺纹配合的圆锥内螺纹，尺寸代号为1/2，右旋。 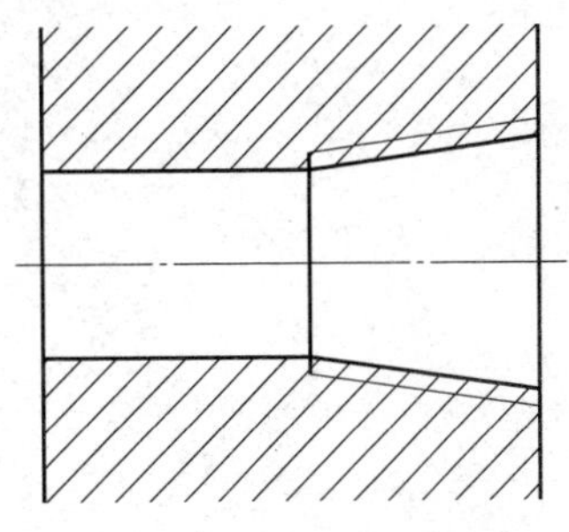	6. 锯齿形螺纹，公称直径为36 mm，螺距为5 mm，单线，左旋，中径公差带代号为7H，中等旋合长度。 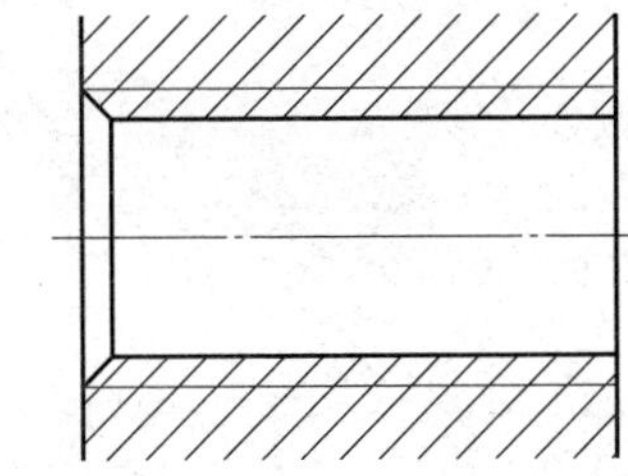

8-4　完成下列有关螺纹知识的练习

1. 选择题（将正确答案的代号填入括号内）

（1）普通螺纹的主要用途是（　　）。

A. 连接和紧固零部件

B. 用于机床设备中传递运动

C. 用于管件的连接和密封

D. 在起重装置中起传递力的作用

（2）螺纹的基本要素有（　　）。

A. 牙型、小径、螺距、线数、旋向

B. 牙型、大径、螺距、线数、旋合长度

C. 牙型、小径、螺距、线数、旋合长度

D. 牙型、大径、螺距、线数、旋向

2. 解释下列代号的含义。

（1）M20×2—5g6g—LH

（2）Tr40×14（P7）—6H—L

（3）G1/4

（4）M16—7H/6g

3. 简述螺纹千分尺的结构和原理。

4. 用三针法测量连杆螺钉 M14×1—6h 的中径尺寸，试确定其最佳量针直径。采用此最佳量针测得外跨距 M = 14.13 mm，若不计螺距误差和牙侧角误差的影响，试确定该螺钉的中径是否符合要求（M14×1—6h 的中径 $d_{2\max}$ = 13.350 5 mm，$d_{2\min}$ = 13.232 5 mm）。

8-5 螺纹紧固件

1. 绘制螺栓连接图。

螺栓 GB/T 5782 M12×55

2. 补全螺栓连接图中的缺线。

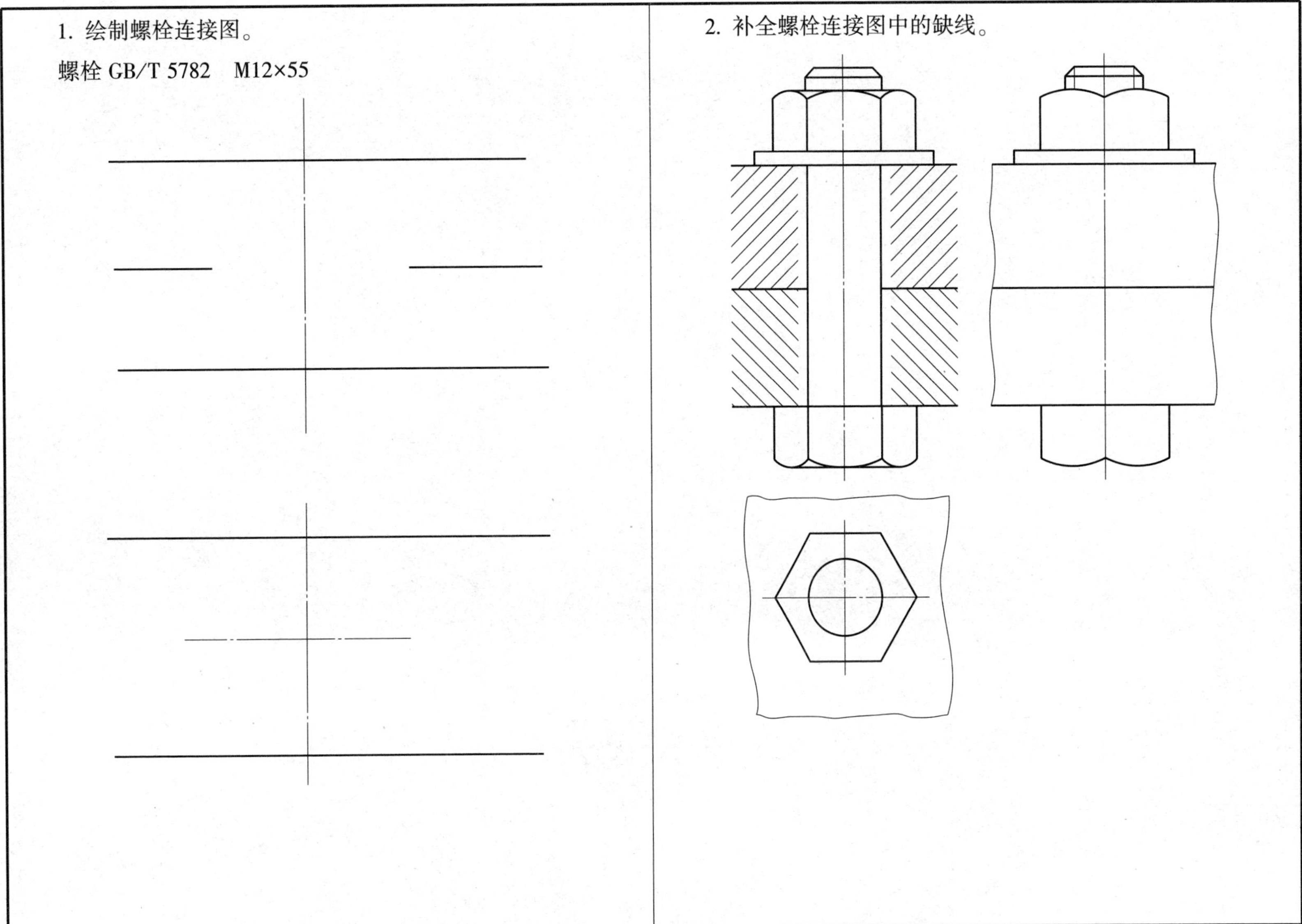

8-5（续）

3. 补全螺栓连接图和螺钉连接图中所缺的线。

4. 分析螺钉连接图中的错误，将正确的图形画在右边。

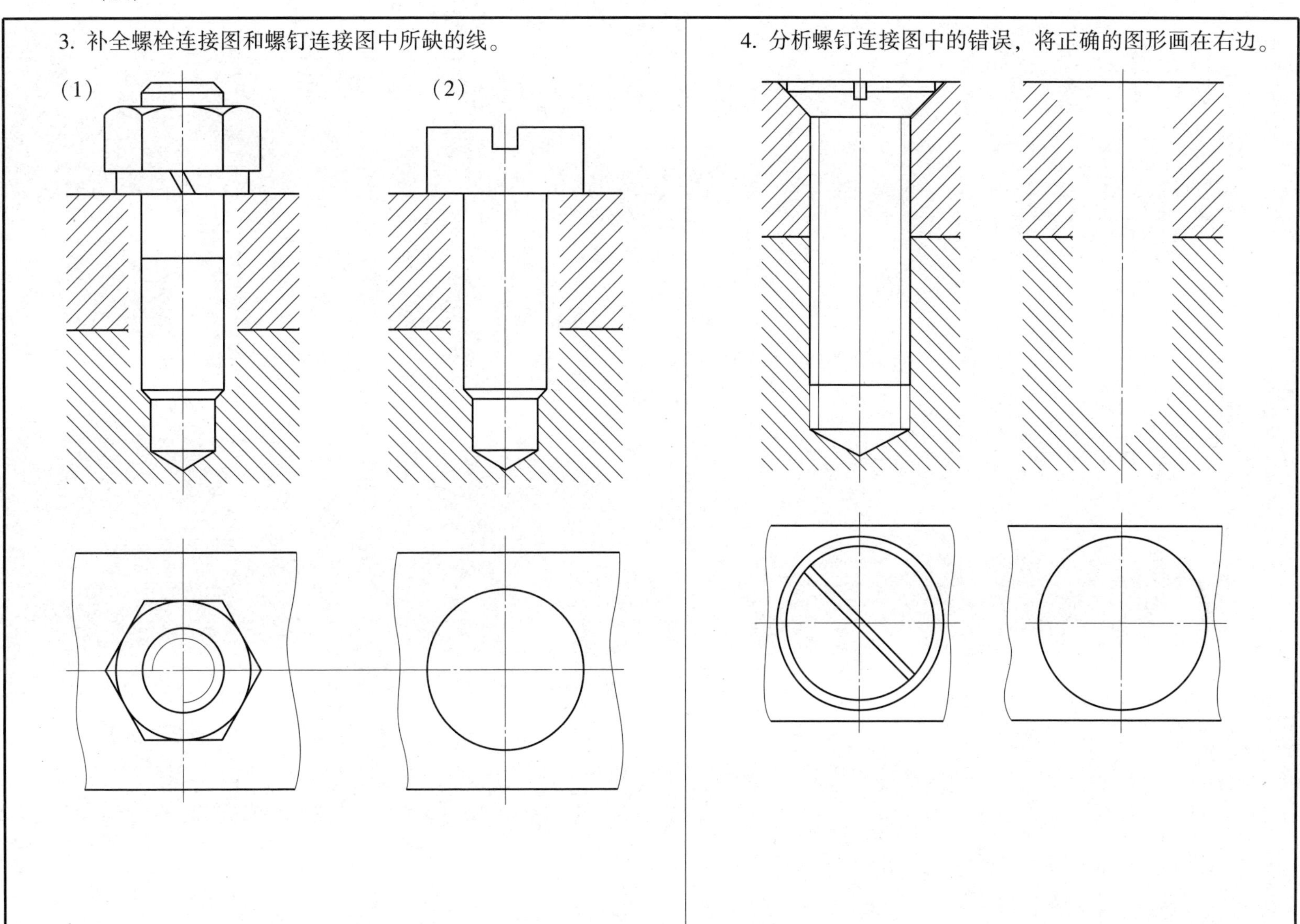

8-6　已知直齿圆柱齿轮 $m=5$ mm，$z=20$，轮齿端部倒角为 $C2$ mm，完成齿轮的视图

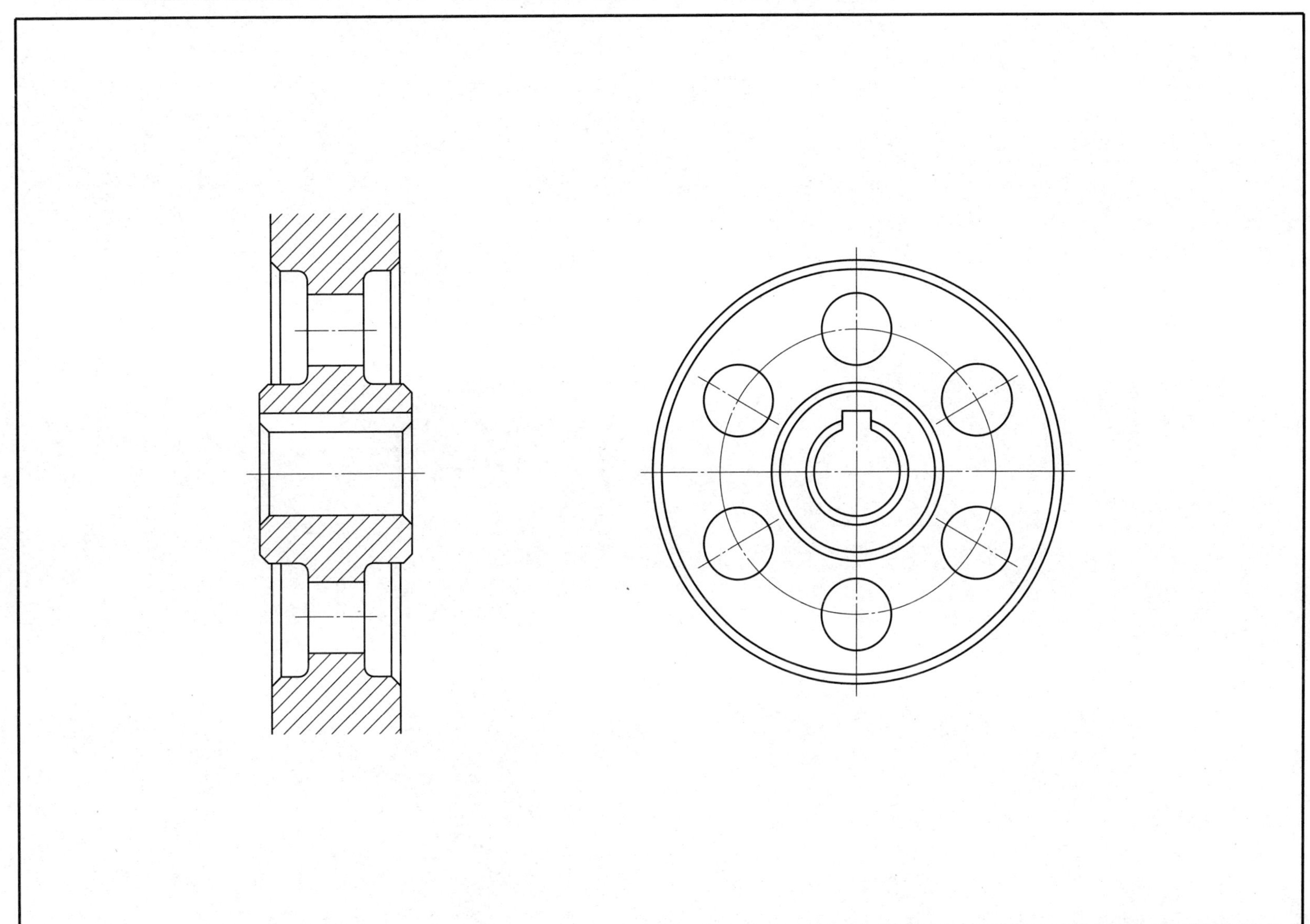

8-7 已知一对啮合齿轮，大齿轮 $z_1=35$，$m=2$ mm，小齿轮 $z_2=21$，试计算有关尺寸并完成啮合图

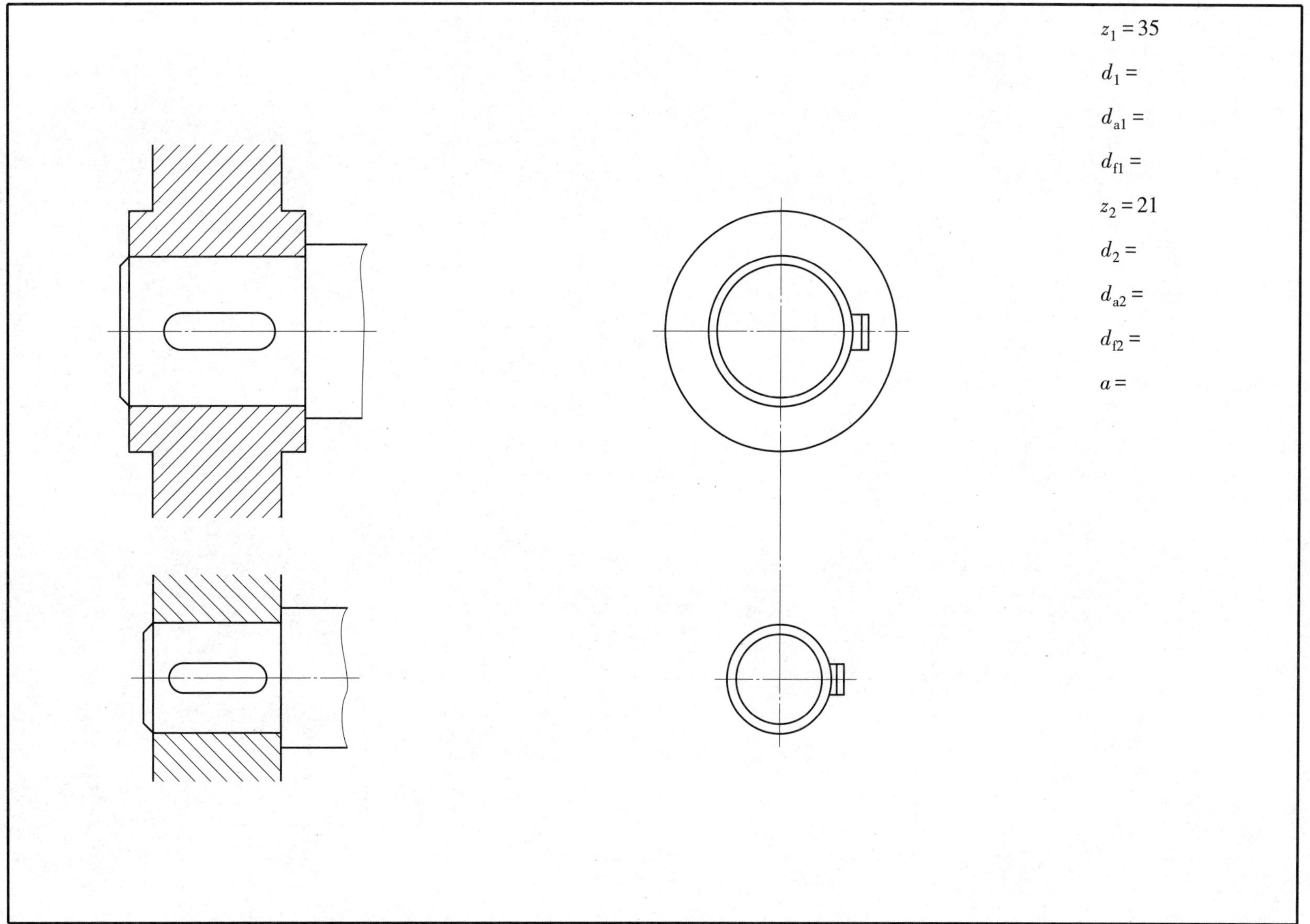

8-8 按要求完成习题

1. 选择题（将正确答案的代号填入括号内）

（1）在齿轮投影为圆的视图上，分度圆用（　　）绘制。

A. 细实线　　B. 细点画线

C. 粗实线　　D. 细虚线

（2）一对互相啮合的齿轮，它们的（　　）必须相同。

A. 分度圆直径　　B. 齿数

C. 模数和齿数　　D. 模数和压力角

（3）两圆柱齿轮轴线之间的最短距离称为（　　）。

A. 全齿高　　B. 齿距

C. 分度圆周长　　D. 中心距

（4）根据两啮合齿轮轴线在空间的相对位置不同，常见的齿轮传动可分为圆柱齿轮、蜗轮蜗杆和（　　）。

A. 锥齿轮　　B. 斜齿轮

C. 链轮　　D. 带轮

2. 试用 83 块组的量块同时组合下列尺寸：

48. 98 mm、33. 625 mm 和 10. 56 mm。

8－9　键及键连接

分析 A 图中键连接画法中的错误，在 B 图中绘制正确的键连接图。

A.

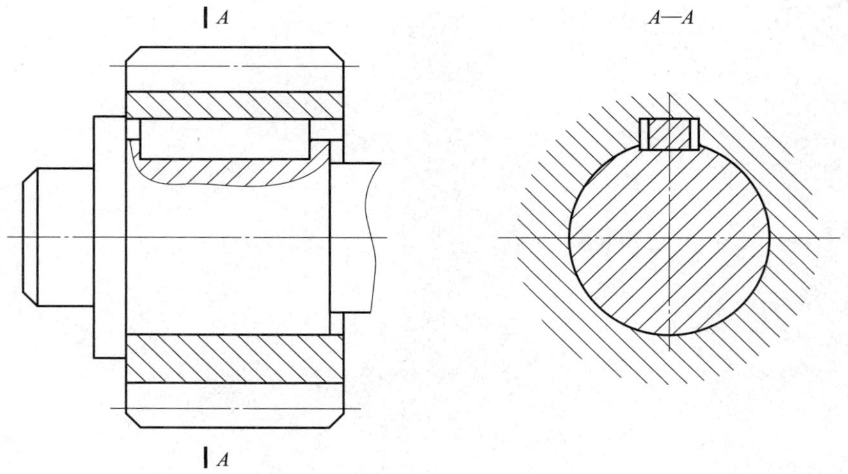

A
A
A—A

B.

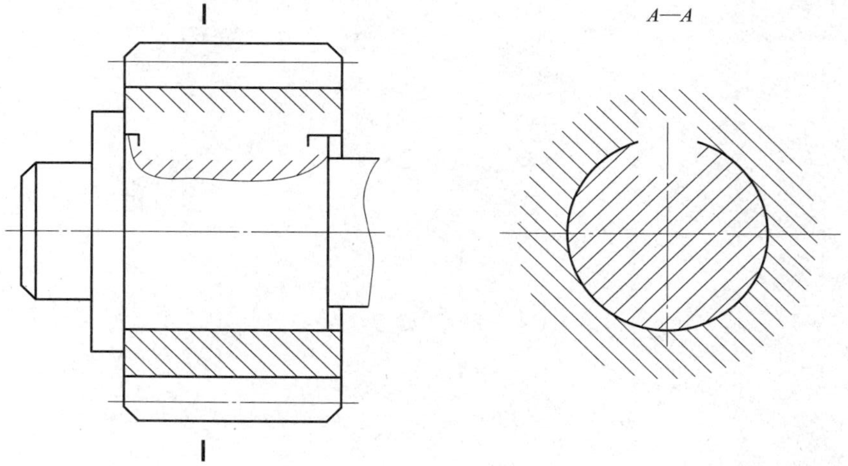

A—A

8-10　销连接、弹簧

1. 齿轮与轴用公称直径为 10 mm，公称长度为 55 mm 的圆柱销连接，用 1∶1 的比例画出圆柱销连接的剖视图，并写出圆柱销的规定标记。

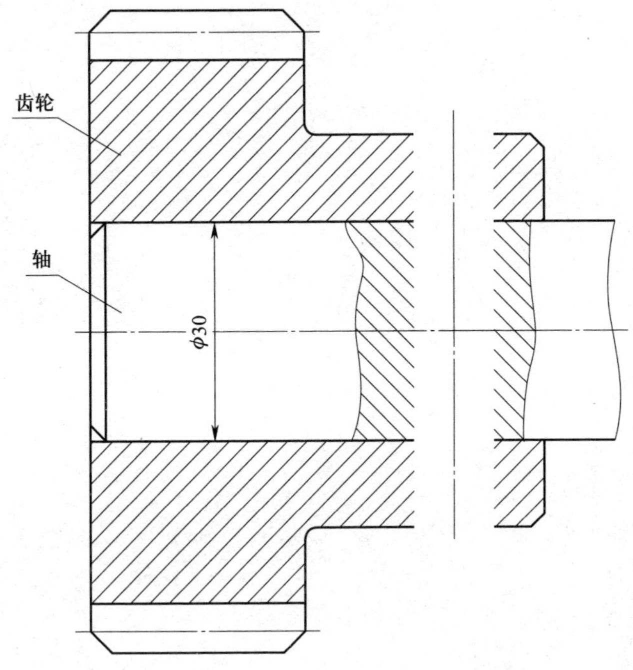

销的规定标记为________________。

2. 一圆柱螺旋压缩弹簧，簧丝直径为 4 mm，弹簧中径为 40 mm，节距为 10 mm，支承圈数为 2. 5 圈，右旋，自由长度为 76 mm，画出弹簧的全剖视图并标注尺寸。

课题九　零件图

9-1　分析支架的结构和形状，选择合适的表达方法并画出草图（不标注尺寸）

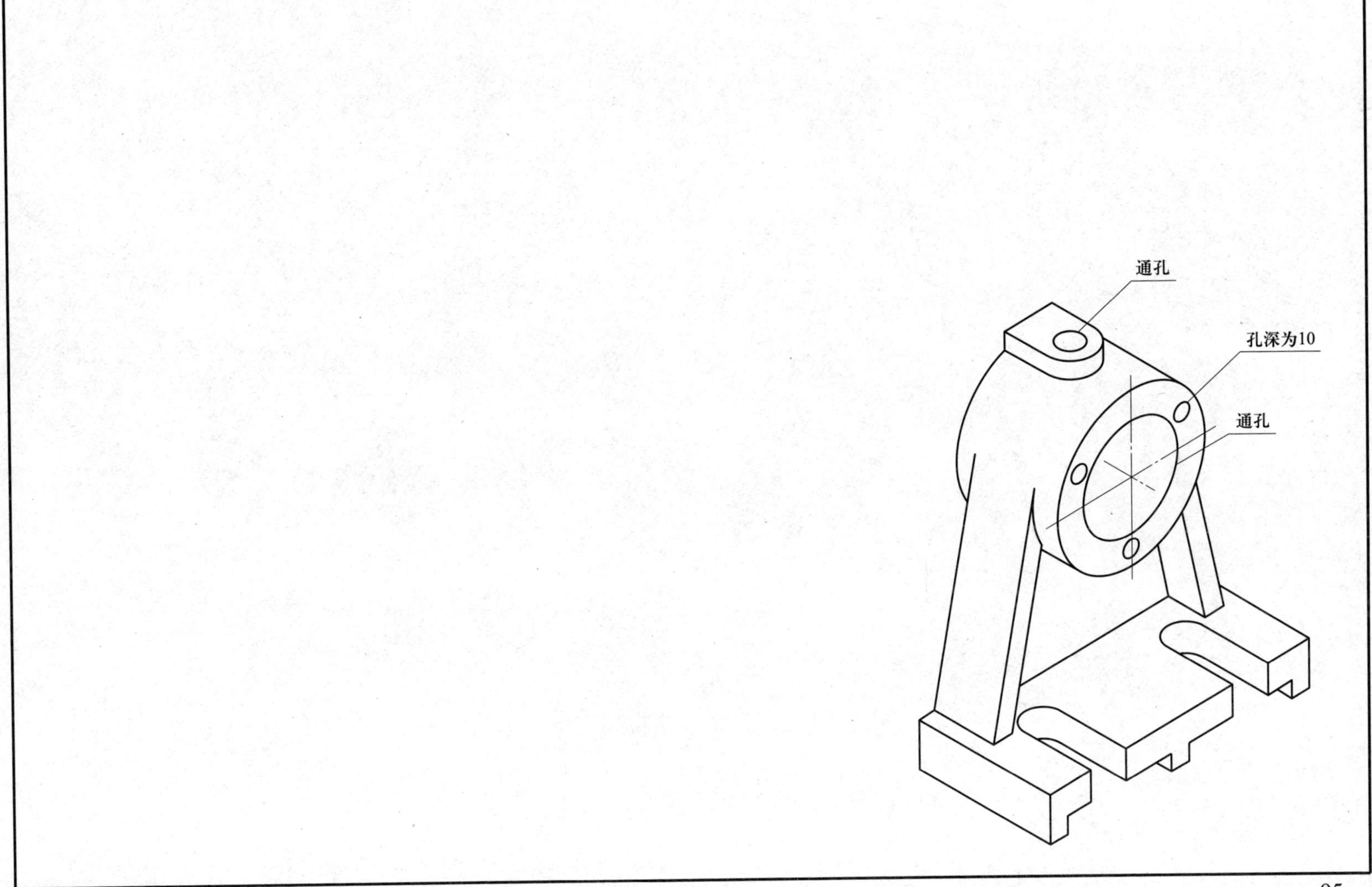

9-2　分析套筒结构，标全漏注的尺寸（数值从图中量取，取整数）

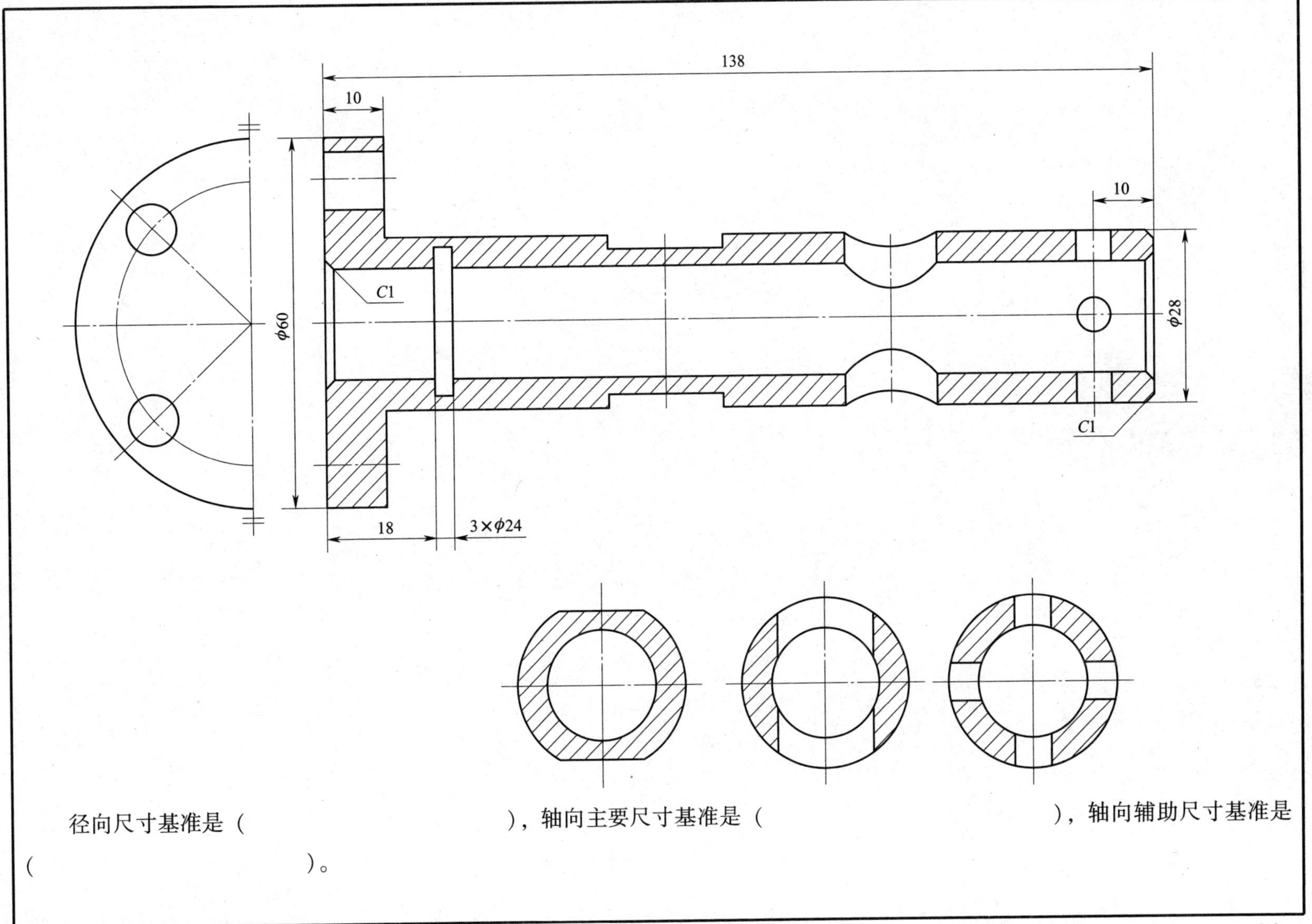

径向尺寸基准是（　　　　　　　　　　　　），轴向主要尺寸基准是（　　　　　　　　　　　　），轴向辅助尺寸基准是（　　　　　　　　　　　　）。

9-3 公差与配合问答

1. 尺寸公差与极限尺寸或极限偏差之间有什么关系？要求写出计算关系式。

2. 为什么同一公差等级的不同尺寸其精度是一致的？

3. 选择公差带的顺序是什么？

4. 什么是标准公差？标准公差的数值与哪些因素有关？

5. 零件图上采用未注公差的线性尺寸和角度尺寸的公差的优点是什么？未注公差应如何表示？

6. 公差等级选用的原则是什么？主要选用方法是什么？

9-3（续）

7. 孔和轴的公差带代号是怎样组成的？试举例说明。

8. 标注尺寸公差时可采用哪几种形式？试举例说明。

9. 配合分哪几类？各是如何定义的？各类配合中其孔、轴公差带的相互位置如何？

10. 如何判断孔和轴？

9-3（续）

11. 什么是配合公差？试写出几种配合公差的计算式。

12. 配合公差的大小对配合精度的影响如何？

13. 基准制选用的原则有哪三条？

14. 为什么在一般情况下优先采用基孔制？

15. 简述采用类比法选用配合的大致步骤。

9-4　公差与配合的识读

1. 识读图中标注的极限偏差并填空。

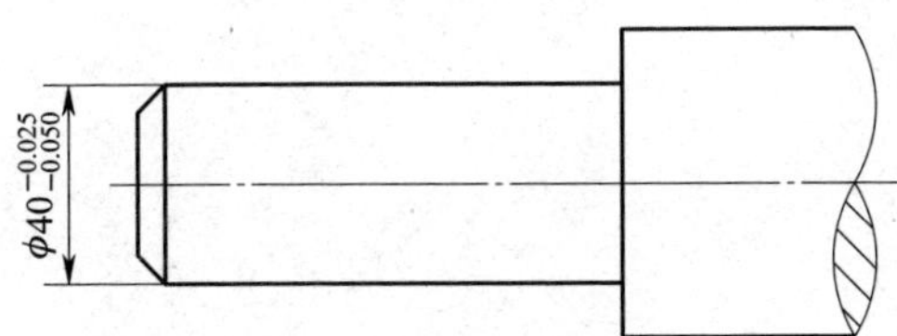

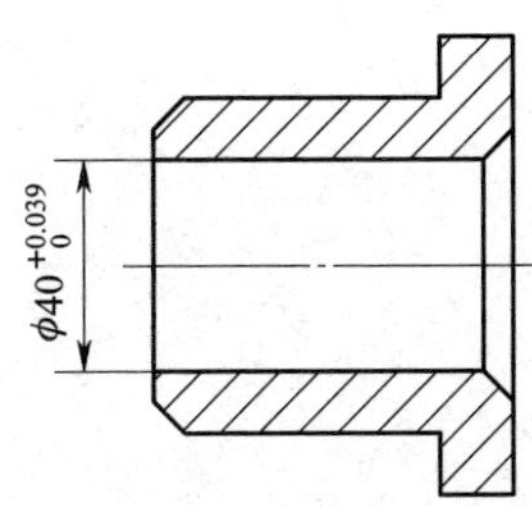

（1）孔 $\phi40^{+0.039}_{0}$ mm 表示公称尺寸为________ mm，上极限尺寸为____________ mm，下极限尺寸为____________ mm，上极限偏差为________ mm，下极限偏差为________ mm，公差为________ mm。

（2）轴 $\phi40^{-0.025}_{-0.050}$ mm 表示公称尺寸为________ mm，上极限尺寸为____________ mm，下极限尺寸为____________ mm，上极限偏差为________ mm，下极限偏差为________ mm，公差为________ mm。

（3）轴和孔配合后，属于________制的________配合。

2. 识读图中标注的配合代号并填空。

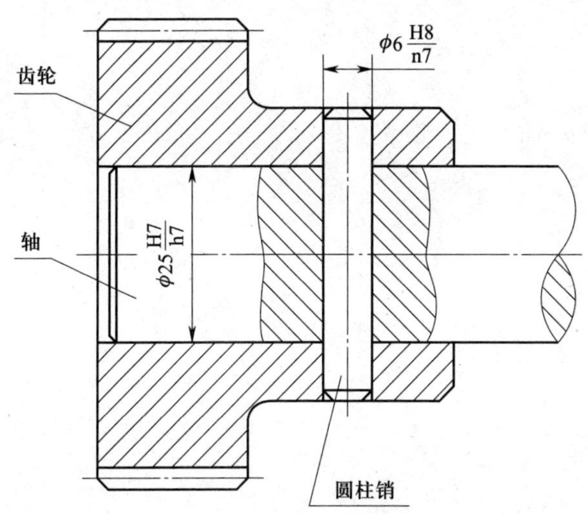

（1）$\phi25\frac{H7}{h7}$表示公称尺寸为____________ mm、公差等级为________级、基本偏差代号为______________的孔与公差等级为____________级、基本偏差代号为____________________的轴的__________制__________配合。

（2）$\phi6\frac{H8}{n7}$表示公称尺寸为______________ mm、公差等级为________级、基本偏差代号为______________的孔与公差等级为____________级、基本偏差代号为____________________的轴的__________制__________配合。

9-4（续）

3. 解释图中配合代号的含义，并查出极限偏差值标注在零件图上（标注内容：公称尺寸、公差带代号、极限偏差值）。

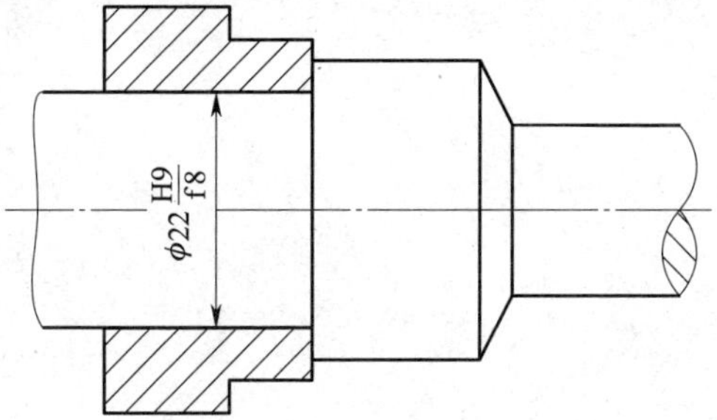

$\phi22\frac{H9}{f8}$

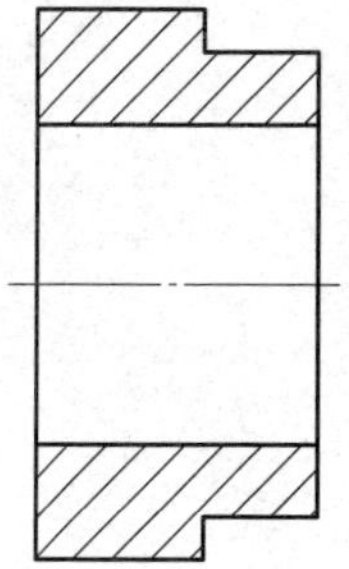

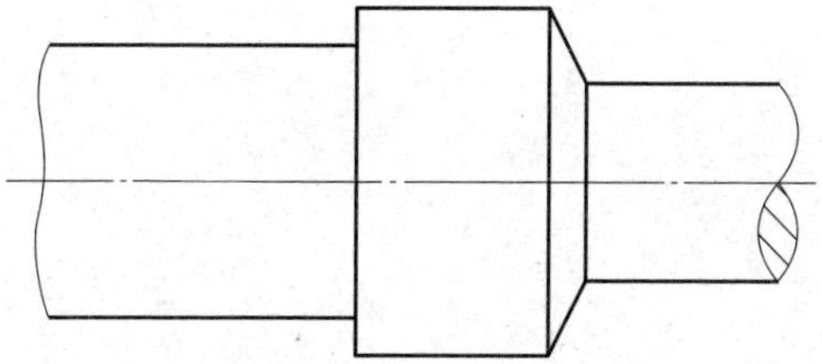

（1）ϕ22H9/f8 表示公称尺寸为________ mm，基本偏差代号为________，公差等级为________级的轴与__________级基准________的________配合。

（2）查表得孔的上极限偏差为________ mm，下极限偏差为________ mm；轴的上极限偏差为________ mm，下极限偏差为________ mm。

9-5 表面粗糙度相关知识练习

一、选择题（将正确答案的代号填入括号内）

1. 零件加工时产生表面粗糙度的主要原因是（　　）。

A. 刀具装夹不准确而形成的误差

B. 机床几何精度方面的误差

C. 机床—刀具—工件系统的振动、发热和运动不平衡

D. 刀具和工件表面间的摩擦、切屑分离时表面金属层的塑性变形及工艺系统的高频振动

2. 表面粗糙度反映的是零件被加工表面的（　　）。

A. 宏观几何形状误差　　B. 微观几何形状误差

C. 宏观相对位置误差　　D. 微观相对位置误差

3. 下列选项中关于表面粗糙度对零件使用性能的影响叙述错误的是（　　）。

A. 零件的表面质量影响间隙配合的稳定性或过盈配合的连接强度

B. 零件表面越粗糙，越易形成表面锈蚀

C. 零件表面越粗糙，表面接触受力时，峰顶处的塑性变形越大，从而降低零件强度

D. 降低表面粗糙度值，可提高零件的密封性能

4. 对于配合性质要求高的表面，应取较小的表面粗糙度值，其主要理由是（　　）。

A. 使零件表面有较好的外观

B. 保证间隙配合的稳定性或过盈配合的连接强度

C. 便于零件的装拆

D. 提高加工的经济性能

二、判断题（正确的打"√"，错误的打"×"）

1. 表面粗糙度反映的是零件被加工表面的微观几何形状误差，它主要是由机床几何精度方面的误差引起的。（　　）

2. 从间隙配合的稳定性或过盈配合的连接强度考虑，表面粗糙度值越小越好。（　　）

3. 在代号中，某高度参数只注写一个数值时，则数值表示此高度参数的上限值。（　　）

4. 由于表面粗糙度高度参数有两种，因而标注时在数值前必须注明相应的符号 *Ra*、*Rz*。（　　）

5. 表面处理的要求可以标注在表面结构代号上，也可在图样的技术要求中说明。（　　）

三、解释下列表面结构代号的含义

（1）$\sqrt{Ra\ 25}$（基本符号内加圆圈）

（2）$\sqrt{Ra\ 3.2}$

9-6　分析图中表面结构标注中的错误，在下图中按正确的方式重新标出。

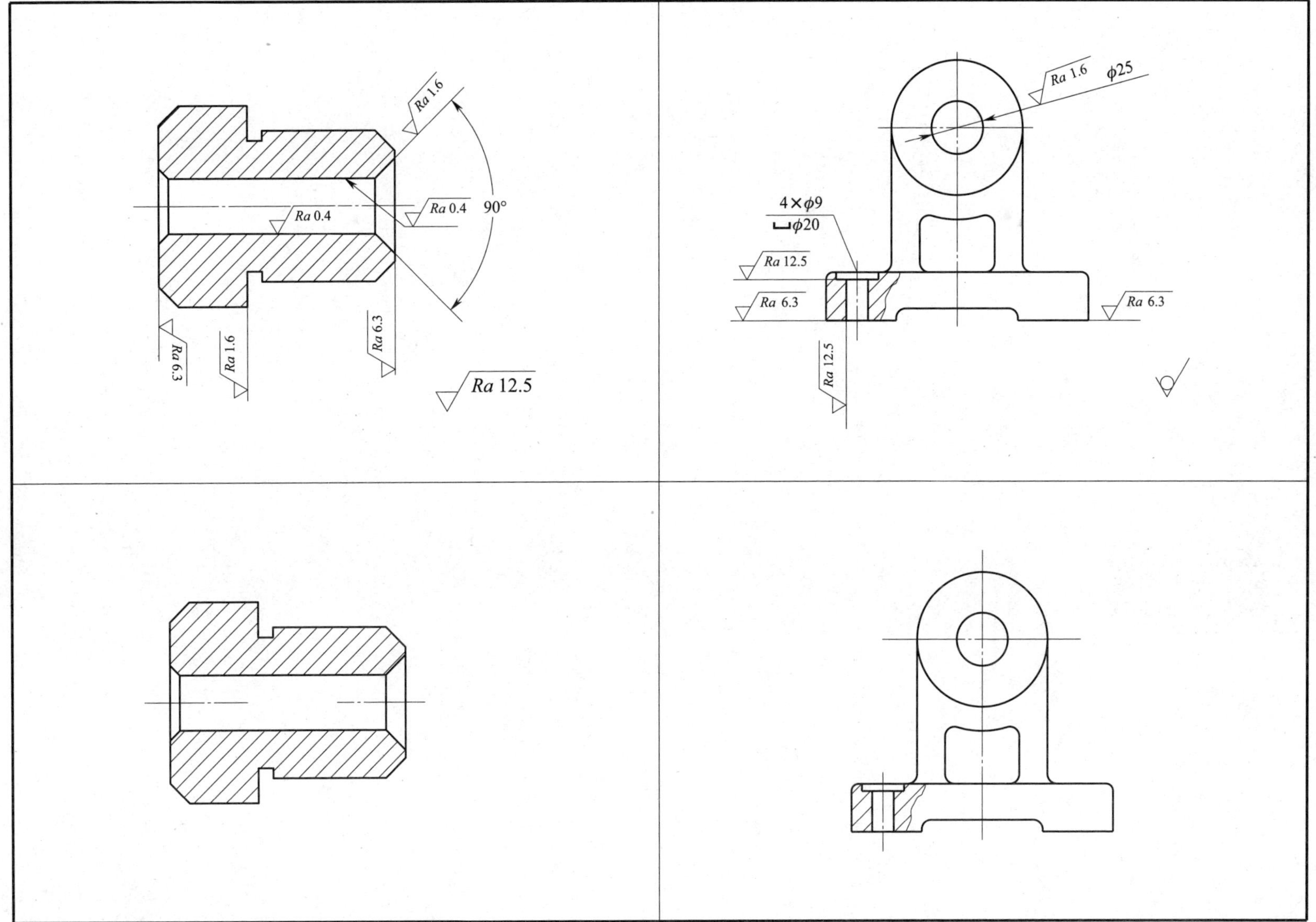

9-7 根据要求标注几何公差

1. 顶面的平面度公差为 0. 05 mm。

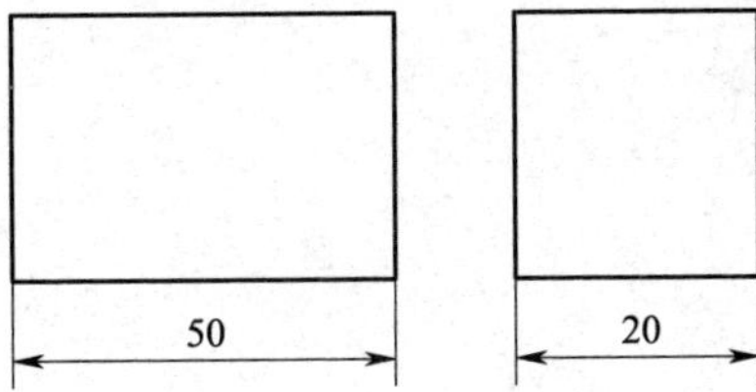

2. ϕ30 mm 圆柱表面的圆度公差为 0. 01 mm。

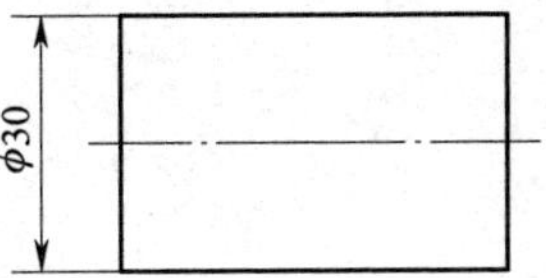

3. ϕ30 mm 圆柱左端面对ϕ15 mm圆柱轴线的垂直度公差为 0. 025 mm。

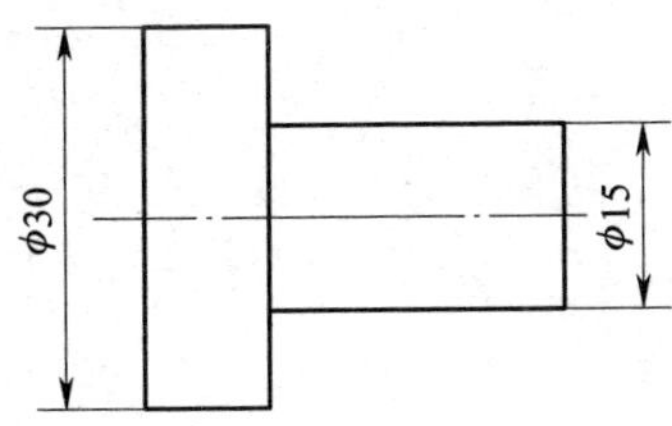

4. ϕ20 mm 圆柱表面对两端ϕ10 mm圆柱公共轴线的径向圆跳动公差为 0. 05 mm。

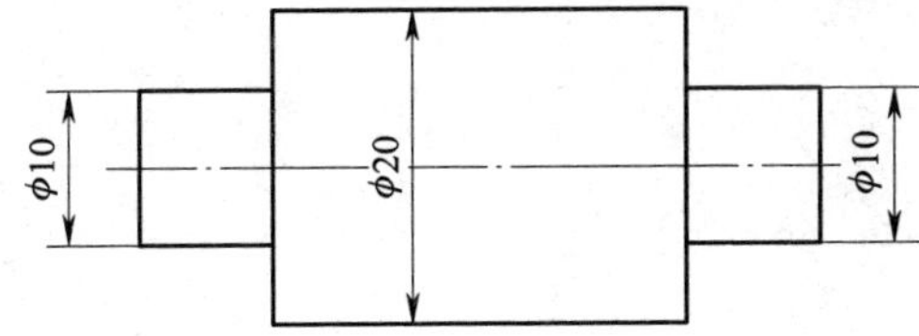

9-8 几何公差的识读

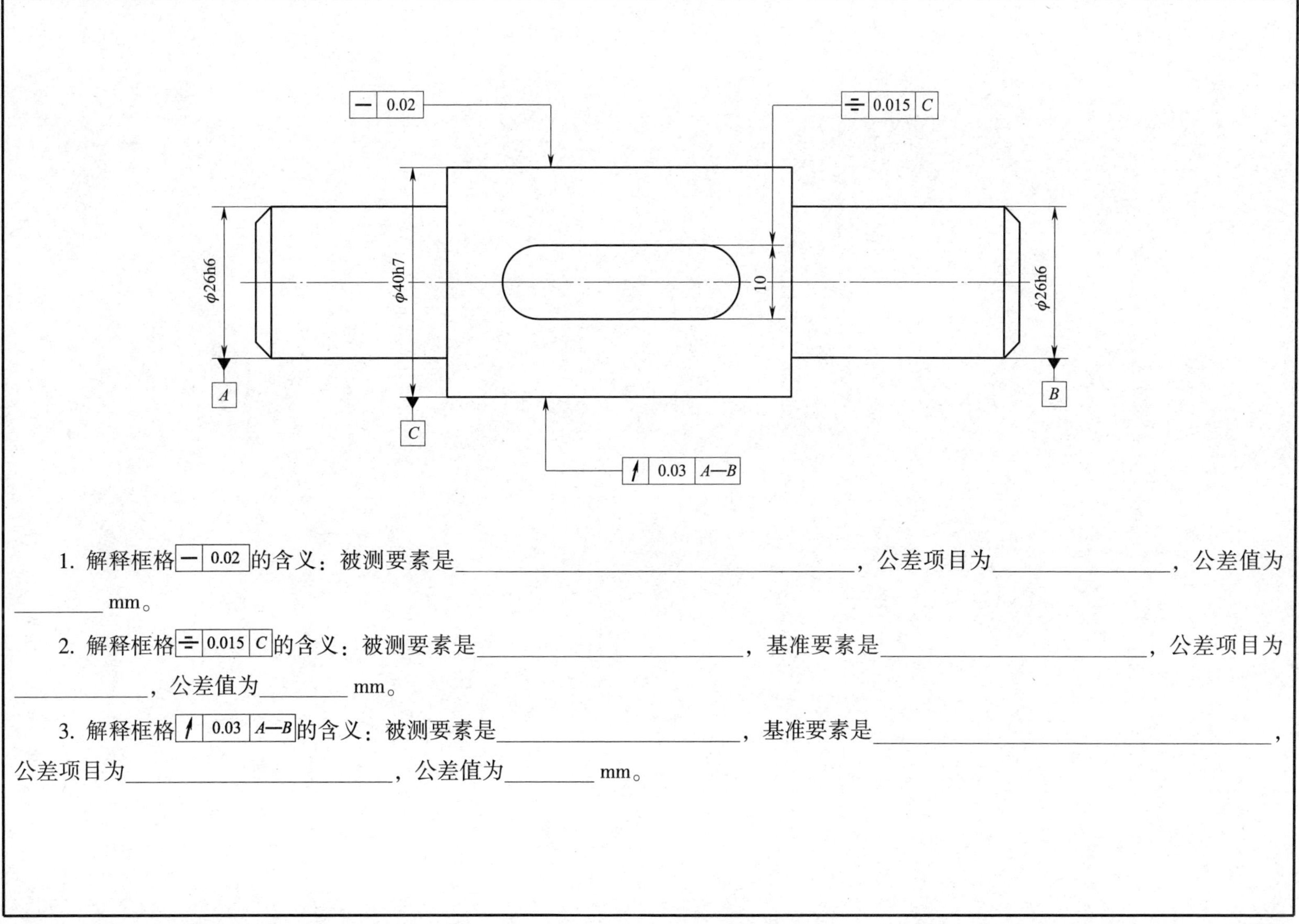

1. 解释框格 — 0.02 的含义：被测要素是____________________，公差项目为____________，公差值为________ mm。

2. 解释框格 ≑ 0.015 C 的含义：被测要素是________________，基准要素是________________，公差项目为__________，公差值为________ mm。

3. 解释框格 ↗ 0.03 A—B 的含义：被测要素是________________，基准要素是____________________，公差项目为________________，公差值为________ mm。

9-9　解释图中所标注的几何公差的含义

1.

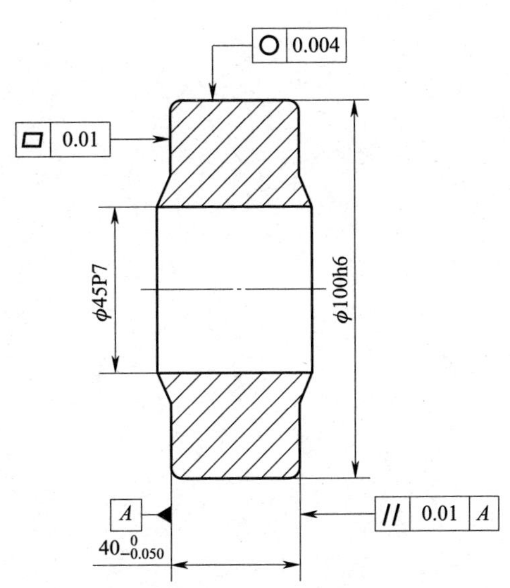

（1）ϕ100h6 圆柱面的几何公差项目为____________，公差值为________ mm。

（2）基准面 *A* 的几何公差项目为____________，公差值为________ mm。

（3）ϕ100h6 圆柱的右侧面对________________的几何公差项目为________，公差值为________ mm。

2.

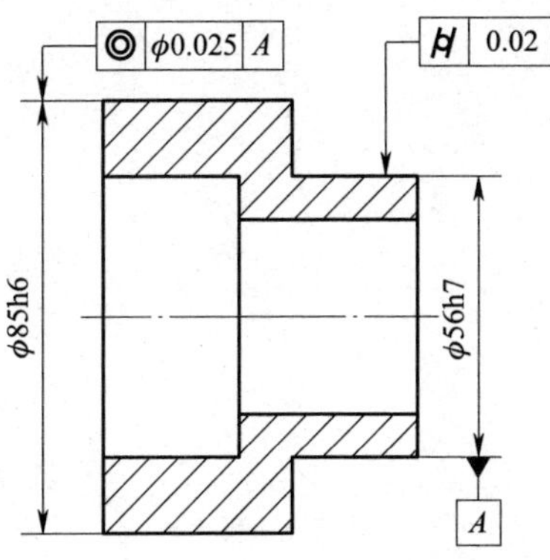

（1）ϕ56h7 圆柱面的几何公差项目为__________________，公差值为________ mm。

（2）ϕ85h6 圆柱的轴线对____________________圆柱轴线的几何公差项目为________________，公差值为__________ mm。

课题十　零件图的识读及完工零件的检测

10-1　读懂轴的零件图并回答下列问题

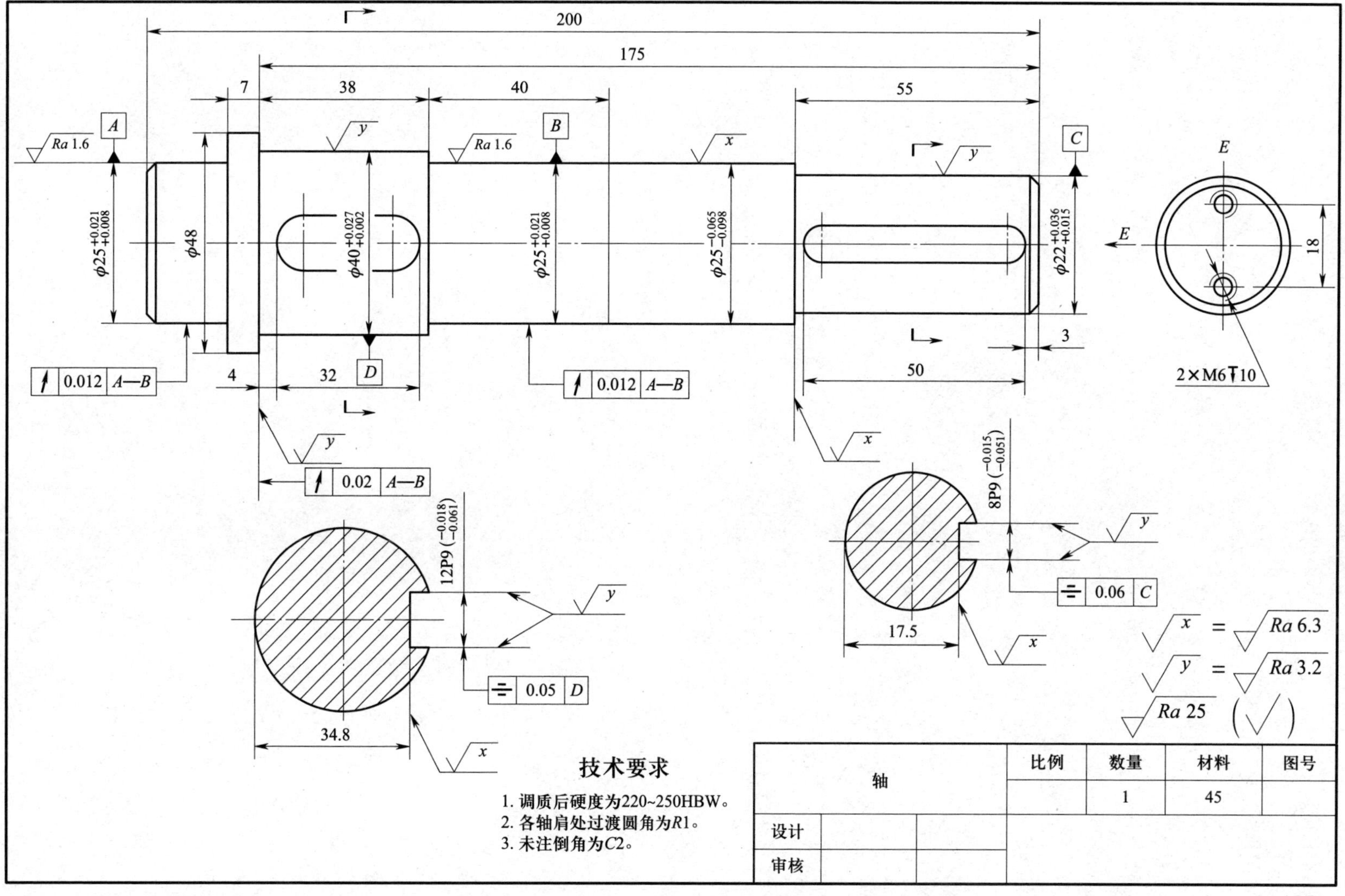

10-1（续）

识读轴的零件图并回答下列问题：

1. 该零件的名称是________，数量是________，采用的材料是________。

2. 该零件共用________个图形表达，它们分别是________图、两个________________图和 E 向局部视图，采用 E 向局部视图是为了表达轴的________端____________________的大小及位置。

3. 宽度为 8 mm 的键槽所在轴段的轴的公称尺寸为________ mm，上极限尺寸为_________ mm，下极限尺寸为_________ mm，公差为________ mm。

4. 该零件表面质量要求最高的表面结构代号为________________，要求最低的表面结构代号为________________。

5. 解释图中几何公差代号 | ↗ | 0.012 | A—B | 的含义：公差项目为__________________，公差值为__________________ mm，被测要素是____，基准要素是____。

10-2　读懂主轴的零件图并回答下列问题

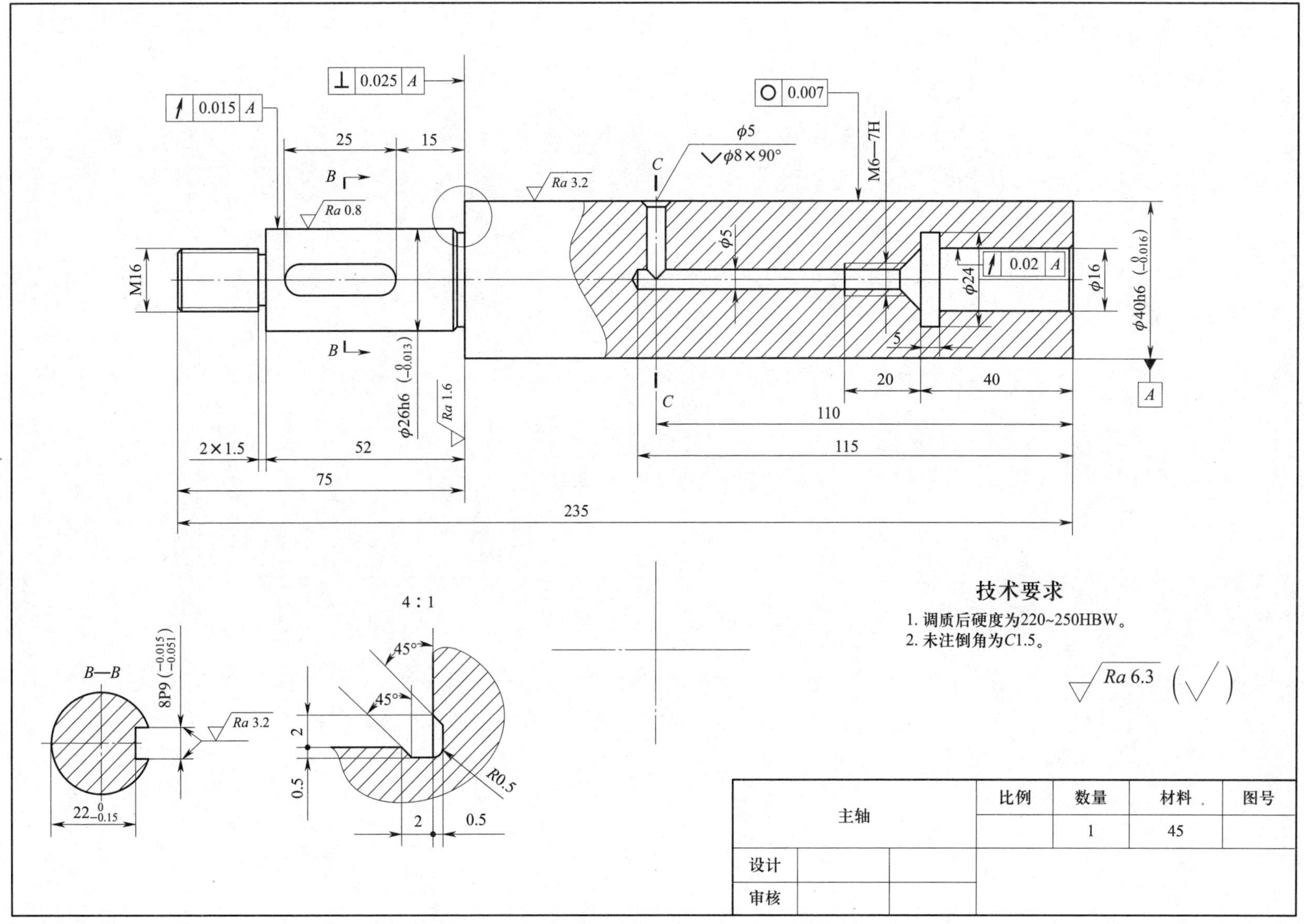

技术要求

1. 调质后硬度为220~250HBW。
2. 未注倒角为C1.5。

Ra 6.3 (√)

主轴	比例	数量	材料	图号
		1	45	
设计				
审核				

10-2（续）

识读主轴的零件图并回答下列问题：

1. 该零件的基本形体是________体，属于________类零件。

2. 该零件共用________个图形表达，其中____________视图采用________剖视图，另外还用了一个________断面图和一个________________图。

3. 轴上的键槽长度为________ mm，宽度为________ mm，深度为________ mm，其定位尺寸为________ mm。

4. 沉孔的圆柱孔的定形尺寸为________ mm，其定位尺寸为________ mm。

5. 图中标注的“2×1.5”表示____。

6. 零件上 $\phi40h6$ 轴段的长度为________ mm，其表面结构代号为________________。

7. $\phi40h6\left(\begin{smallmatrix}0\\-0.016\end{smallmatrix}\right)$ 表示其公称尺寸为________ mm，上极限偏差为________ mm，下极限偏差为__________ mm，上极限尺寸为________ mm，下极限尺寸为________ mm，公差为________ mm。

8. 解释图中几何公差代号 | ○ | 0.007 | 的含义：公差项目为________，公差值为________ mm，被测要素是____________________。

9. 按原图尺寸在图形下方画出 $C—C$ 断面图。

10-3 读懂套筒的零件图并回答下列问题

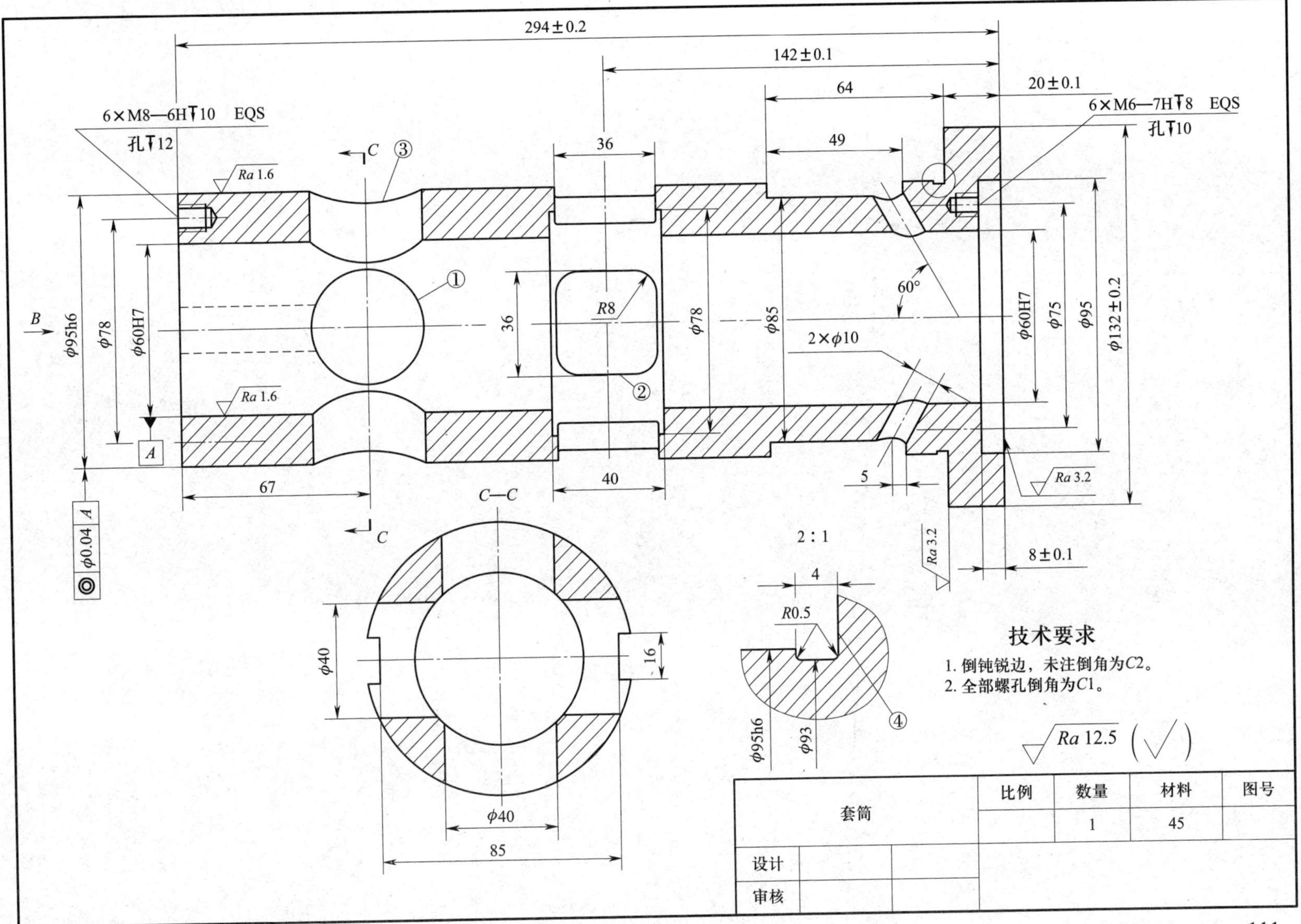

套筒	比例	数量	材料	图号
		1	45	
设计				
审核				

10-3（续）

识读套筒的零件图并回答下列问题：

1. 径向尺寸基准是________________，轴向主要尺寸基准是____________________。

2. 套筒左端两条细虚线之间的距离为________ mm。

3. 图中标有①处的直径为________ mm。

4. 图中标有②处的线框的定位尺寸为________________，定形尺寸为____。

5. 图中标有③处的曲线是由____________________圆柱和________________孔相交而成的____________。

6. 外圆柱面 $\phi(132\pm0.2)$ mm 最大可加工成________ mm，最小为________ mm，公差为________ mm。

7. 解释图中几何公差代号 | ◎ | ϕ0.04 | *A* | 的含义：◎表示____________，ϕ0.04 表示____，*A* 是________。

8. 在局部放大图中，④所指位置的表面结构代号为________________。

9. 靠近右端的两个 ϕ10 mm 孔的定位尺寸为______________和______________。

10. 该零件共用________个图形表达，其中主视图是采用________剖切平面画出的____________图。

11. 画 *B* 向局部视图，尺寸从图中量取，取整数。

B

10-4 读懂端盖的零件图并回答下列问题

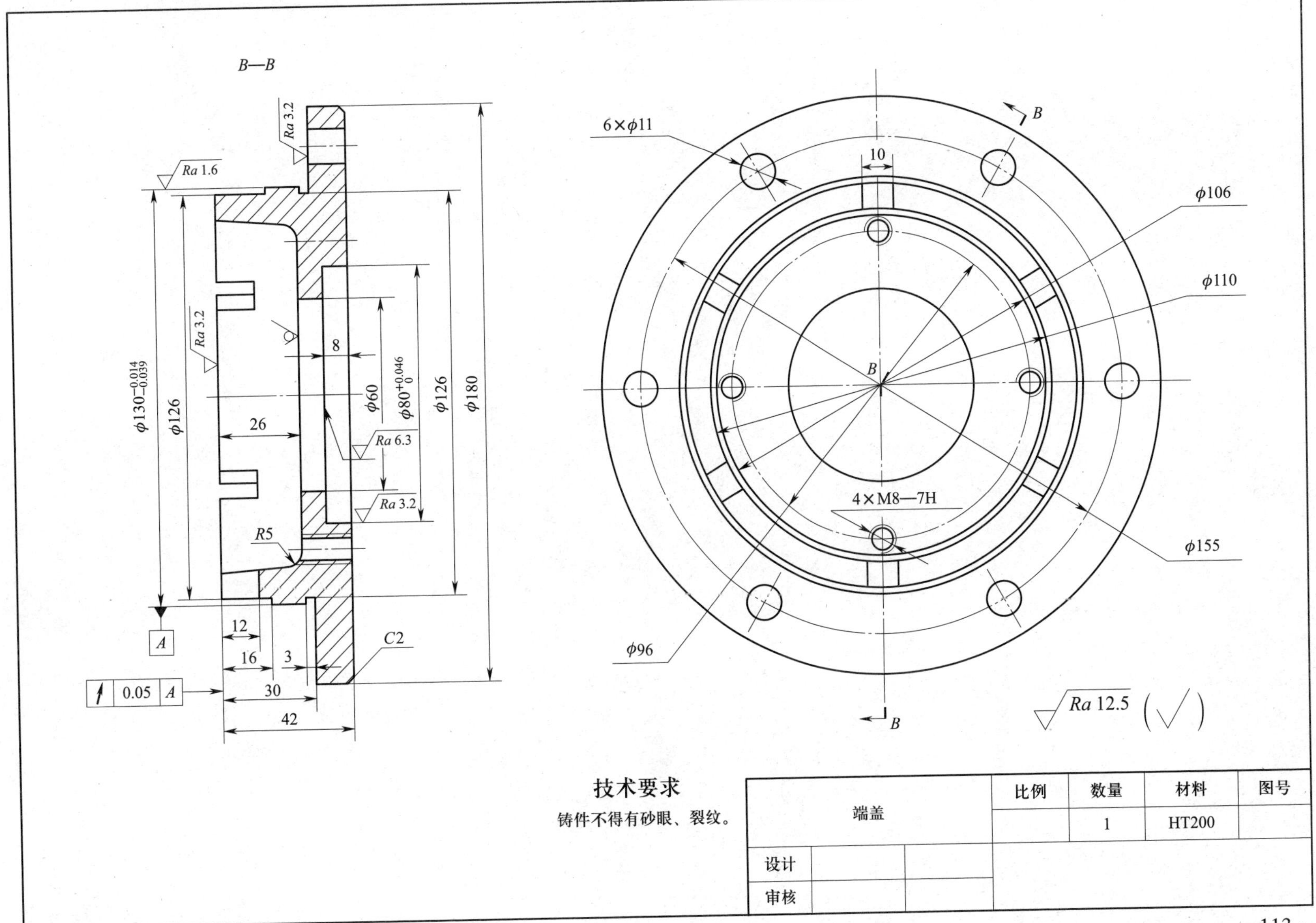

技术要求

铸件不得有砂眼、裂纹。

端盖	比例	数量	材料	图号
		1	HT200	
设计				
审核				

10-4（续）

识读端盖的零件图并回答下列问题：

1. 该零件图采用了两个基本视图，分别是__________和________。该主视图是采用____________剖切平面剖切的全剖视图。

2. 端盖左端共有______个槽，槽宽为______ mm，槽深为______ mm。

3. 端盖周围有______个圆孔，它们的直径为______ mm，定位尺寸为______ mm。

4. 图中 $\phi130_{-0.039}^{-0.014}$ mm 部分的公称尺寸为______ mm，上极限尺寸为______ mm，下极限尺寸为______ mm。上极限偏差为______ mm，下极限偏差为______ mm，公差为______ mm。

5. $\phi130_{-0.039}^{-0.014}$ mm 外圆柱面的表面结构代号为______。

6. 解释图中几何公差代号 | ↗ | 0.05 | A | 的含义：被测要素是________，基准要素是____________，公差项目为______，公差值为______ mm。

7. 图中标注的“4×M8—7H”中的 4 表示________，M 表示________，8 表示________，7H 表示____________。

8. 画出端盖右视图（只需画外形），尺寸从图中量取，取整数。

10-5 读懂齿轮泵泵盖的零件图并回答下列问题

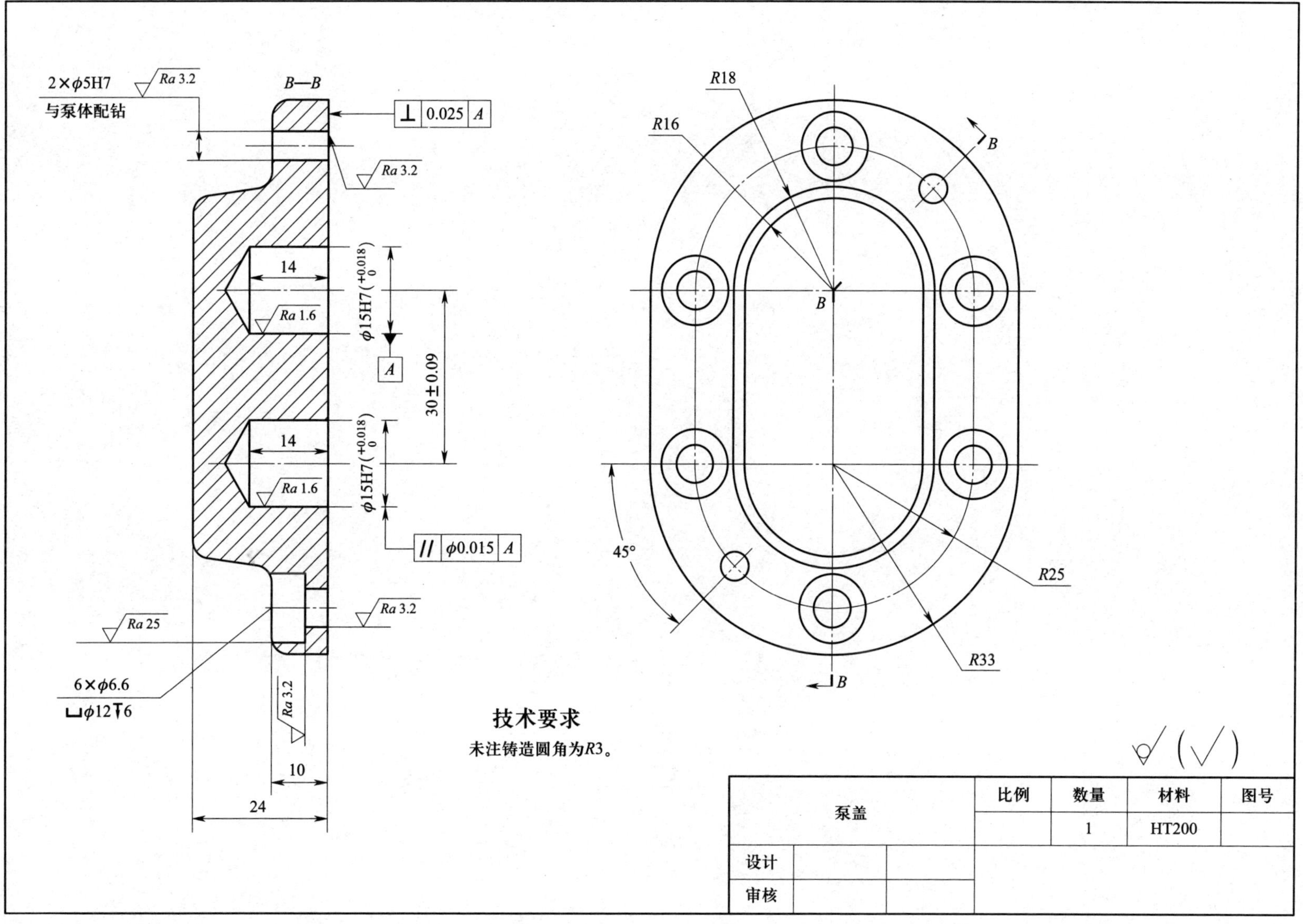

10-5（续）

识读齿轮泵泵盖的零件图并回答下列问题：

1. 该零件图的主视图采用________剖切平面剖切的________剖视图的表达方法。

2. 图中标注的“$\dfrac{6\times\phi 6.6}{⌴\phi 12 ↧ 6}$”表示：$\phi$6. 6 mm 的孔有_______个，其沉孔部分的定形尺寸是_______ mm 和_______ mm，定位尺寸是________ mm。

3.（30±0. 09）mm 是__________尺寸，在图中标注的“ϕ15H7（$^{+0.018}_{0}$）”中，ϕ15 mm 称为____________________，H 表示__________________，7 表示_____________________________________，上极限尺寸为________ mm，下极限尺寸为________ mm。

4. 解释图中几何公差代号 | ⊥ | 0.025 | A | 的含义：被测要素是______________________，基准要素是______________________的________，公差项目为____________，公差值为________ mm。

10-6　读懂轴承盖的零件图并回答下列问题

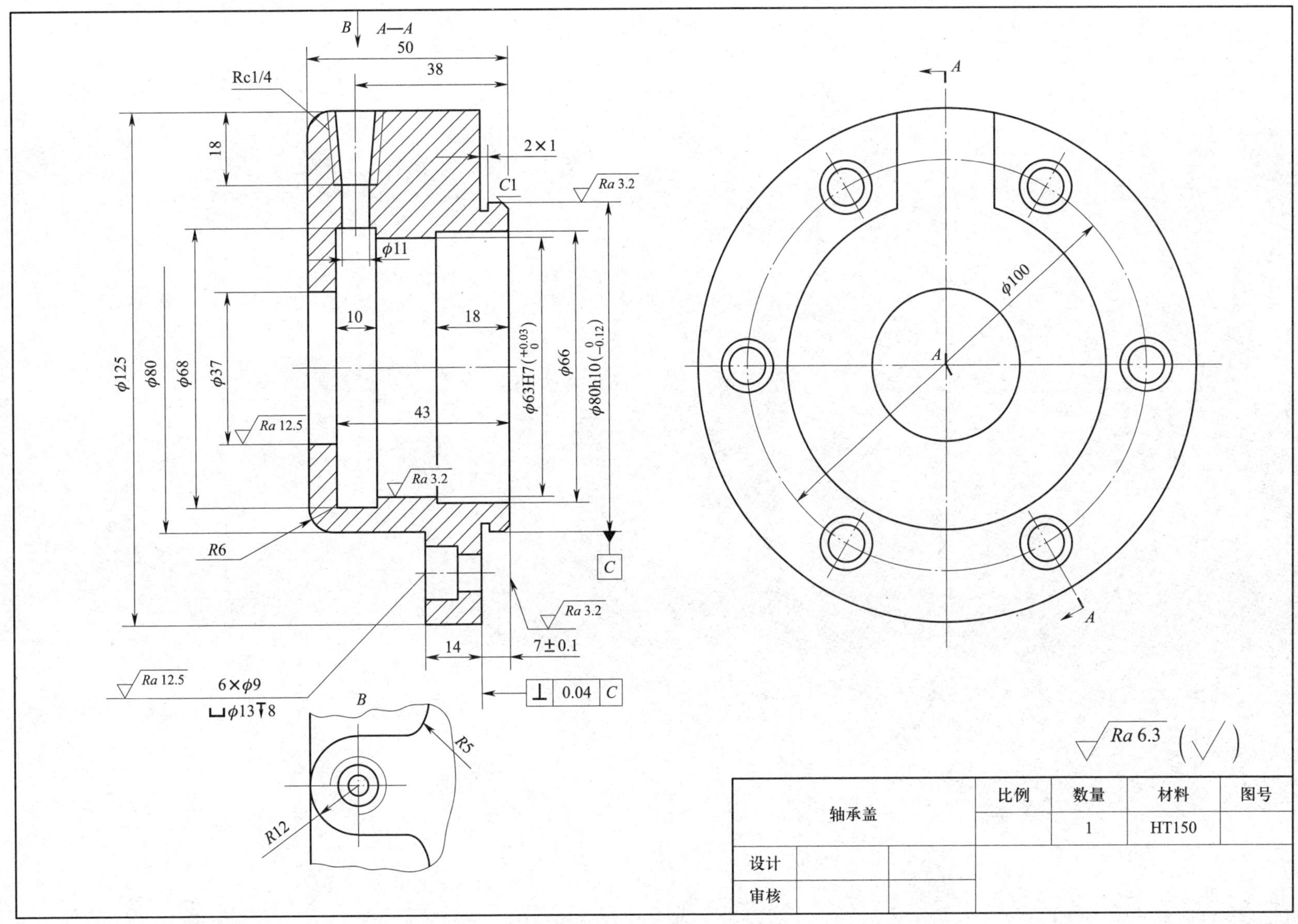

10-6（续）

识读轴承盖的零件图并回答下列问题：

1. 该零件图的表达方法：主视图采用的是______________剖切平面的______剖视图，*B* 是______视图。

2. 图中标注的“$\frac{6\times\phi9}{⌴\ \phi13\ ↧8}$”表示______个 ϕ9 mm 的孔，其沉孔部分的直径为______ mm，深度为______ mm，孔的定位尺寸为______ mm。

3. 图中标注“2×1”的工艺结构叫作______________，它表示槽宽为______ mm，槽深为______ mm。

4. 表面质量要求最高的表面分别是________的外圆柱面、________的内圆柱面以及________端面。

5. 解释图中几何公差代号 | ⊥ | 0.04 | *C* | 的含义：被测要素是____________________________，基准要素是________圆柱的______，公差项目为______，公差值为______ mm。

10-7 读懂手轮的零件图并回答下列问题

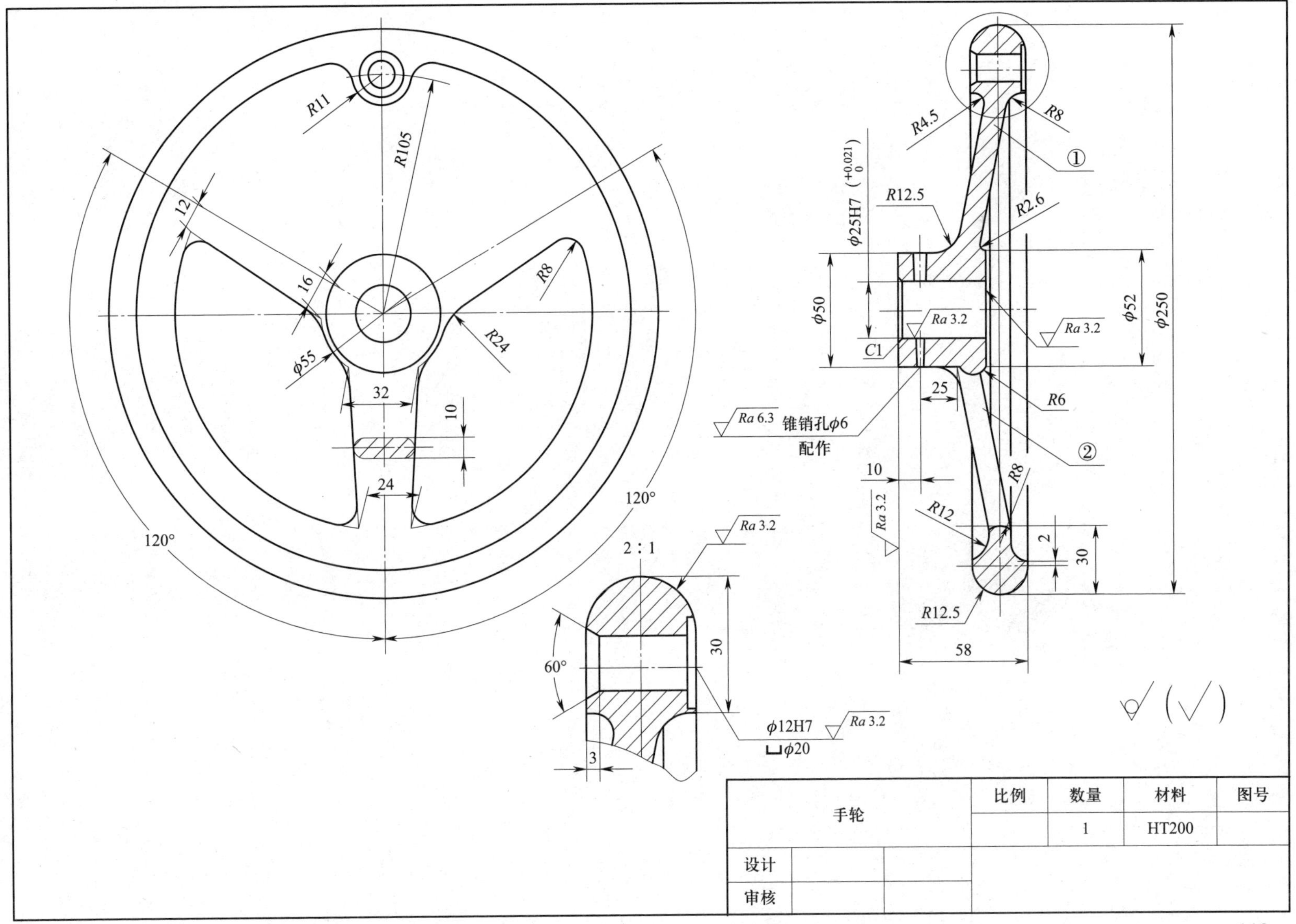

手轮			比例	数量	材料	图号
				1	HT200	
设计						
审核						

10-7（续）

识读手轮的零件图并回答下列问题：

1. 该零件图的名称为________，材料为________。

2. 零件图上除两个基本视图外，另一个图形的名称为____________________。

3. 图中注有①处的是________结构。注有②处的是________结构，未画上剖面符号是因为该结构沿________向剖切而采用

____的画法。

4. 主视图上部有两个同心小圆，其直径分别为________ mm 和________ mm，定位尺寸为________ mm。

5. 辐板的厚度为________ mm，辐条的厚度为________ mm，其外形的大、小端尺寸分别为________ mm 和________ mm。

6. 图中标注的“$\phi 25H7\left({}^{+0.021}_{\ 0}\right)$”中，$\phi 25$ 表示______________，H7 表示___________________，上极限偏差为_______ mm，

下极限偏差为________ mm，公差为________ mm。

7. $\phi 25H7$ 孔的表面结构代号为____________，代号中的参数值是指____。

10-8　读懂托架的零件图并回答下列问题

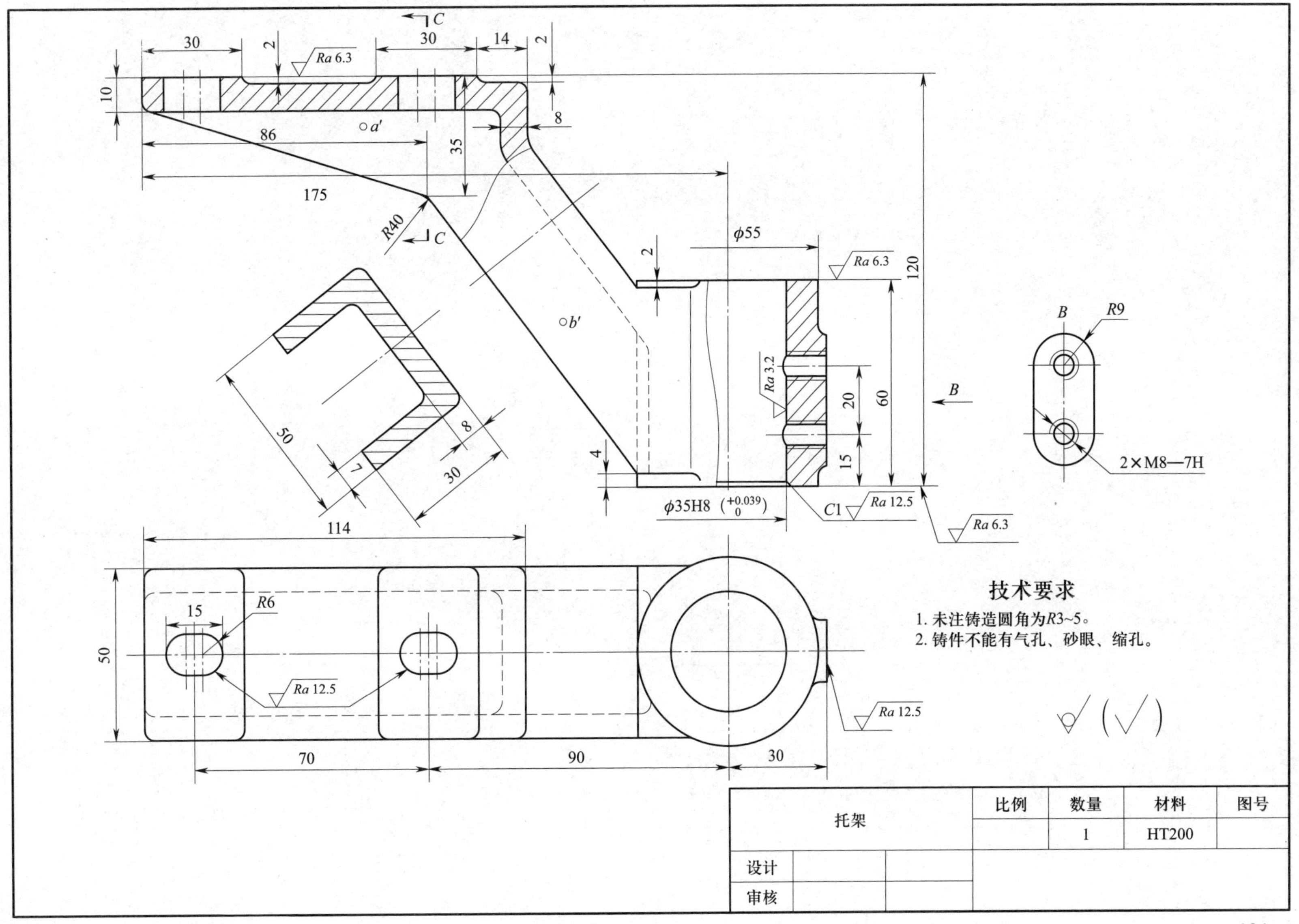

托架	比例	数量	材料	图号
		1	HT200	
设计				
审核				

10-8（续）

识读托架的零件图并回答下列问题：

1. 表达该零件所用的 4 个视图分别是____________________、____________________、____________________、____________________。

2. “2×M8—7H”螺孔的定位尺寸是____________________。

3. 写出零件的主要尺寸基准，其中长度方向为____________________，高度方向为____________________，宽度方向为____________________。

4. 解释代号“$\sqrt{}$（$\sqrt{}$）”的含义：____________________。

5. 在俯视图上求出 *A*、*B* 两点的投影。

6. 按标注的尺寸画出 *C*—*C* 剖视图。

10-9 读懂跟刀架的零件图并回答下列问题

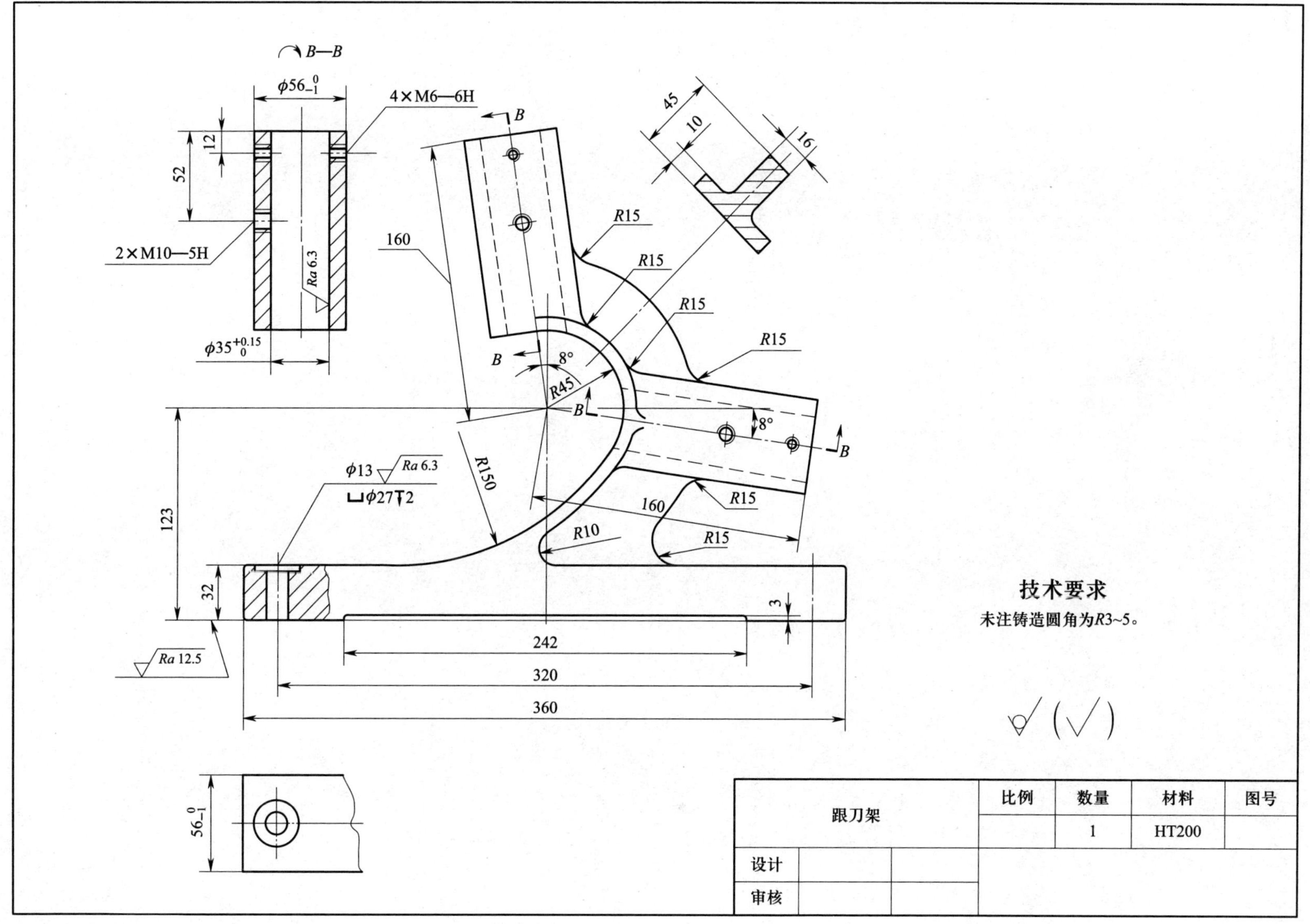

跟刀架		比例	数量	材料	图号
			1	HT200	
设计					
审核					

10-9（续）

识读跟刀架的零件图并回答下列问题：

1. 该零件的名称为__________。材料为________，其含义是______________________________。

2. 该零件用了局部剖视的________视图，*B—B* 采用________________的剖切方法，还用________视图和________断面图来表达其结构。

3. 该零件高度方向尺寸的主要基准是________________，长度方向尺寸的主要基准是____________________，宽度方向尺寸的主要基准是____________________。

4. 图中标注的尺寸中，320 mm、123 mm 和 52 mm 为________尺寸，360 mm 和 56_{-1}^{0} mm 为________尺寸。

5. 该零件上有________种规格的螺孔，共________个。

6. 螺纹标记“M10—5H”中的 M 表示____________________，10 表示______________，5H 表示____________________________________。

7. $\phi35_{0}^{+0.15}$ mm 孔的上极限尺寸为________ mm，下极限尺寸为________ mm。

10-10　读懂支架的零件图并回答下列问题

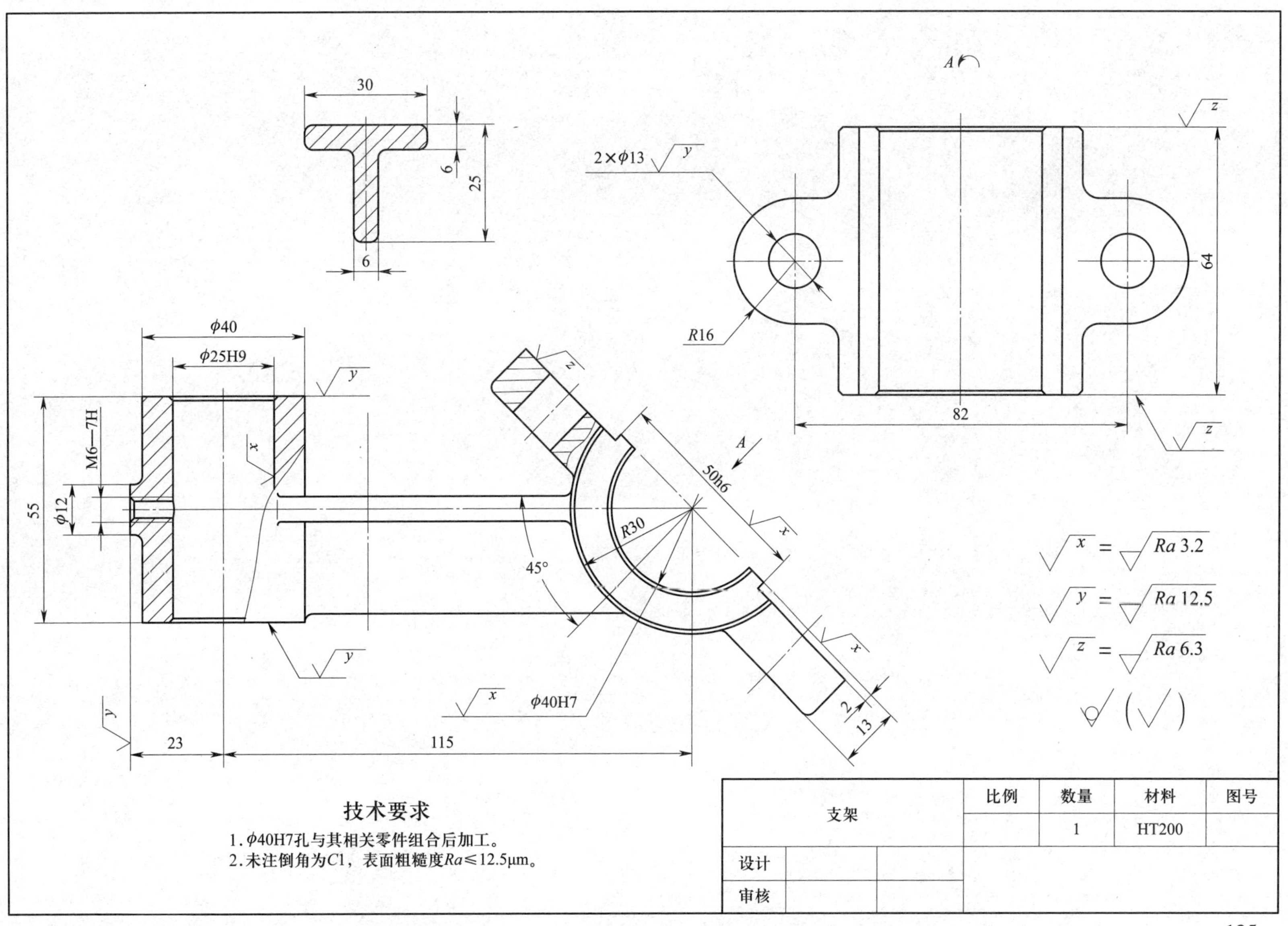

技术要求

1. ϕ40H7孔与其相关零件组合后加工。
2. 未注倒角为C1，表面粗糙度Ra≤12.5μm。

支架		比例	数量	材料	图号
			1	HT200	
设计					
审核					

10-10（续）

识读支架的零件图并回答下列问题：

1. 该零件的名称为____________，属于____________类零件。选用的材料是____________，牌号是________，其中 HT 表示________________________，200 表示____。

2. 该零件共用________个图形表达。主视图采用________剖视图，是为了表达清楚________________、________________和________________的内部结构。对于右端倾斜部分的结构采用了________视图。对于连接肋板的断面形状采用了____________________。

3. 图中 *C*1 mm 的倒角共有________处。

4. 零件上的定位尺寸有________________、________________和________________。

5. 零件上标注公差要求的尺寸有________处，它们分别是________________、________________和________________。

6. 查表得到 50h6 的上极限偏差为________ mm，下极限偏差为________ mm，公差为________ mm。

7. 零件上要求表面粗糙度 *Ra* 值为 3. 2 μm 的共有________处。

10-11 读懂机体的零件图并回答下列问题

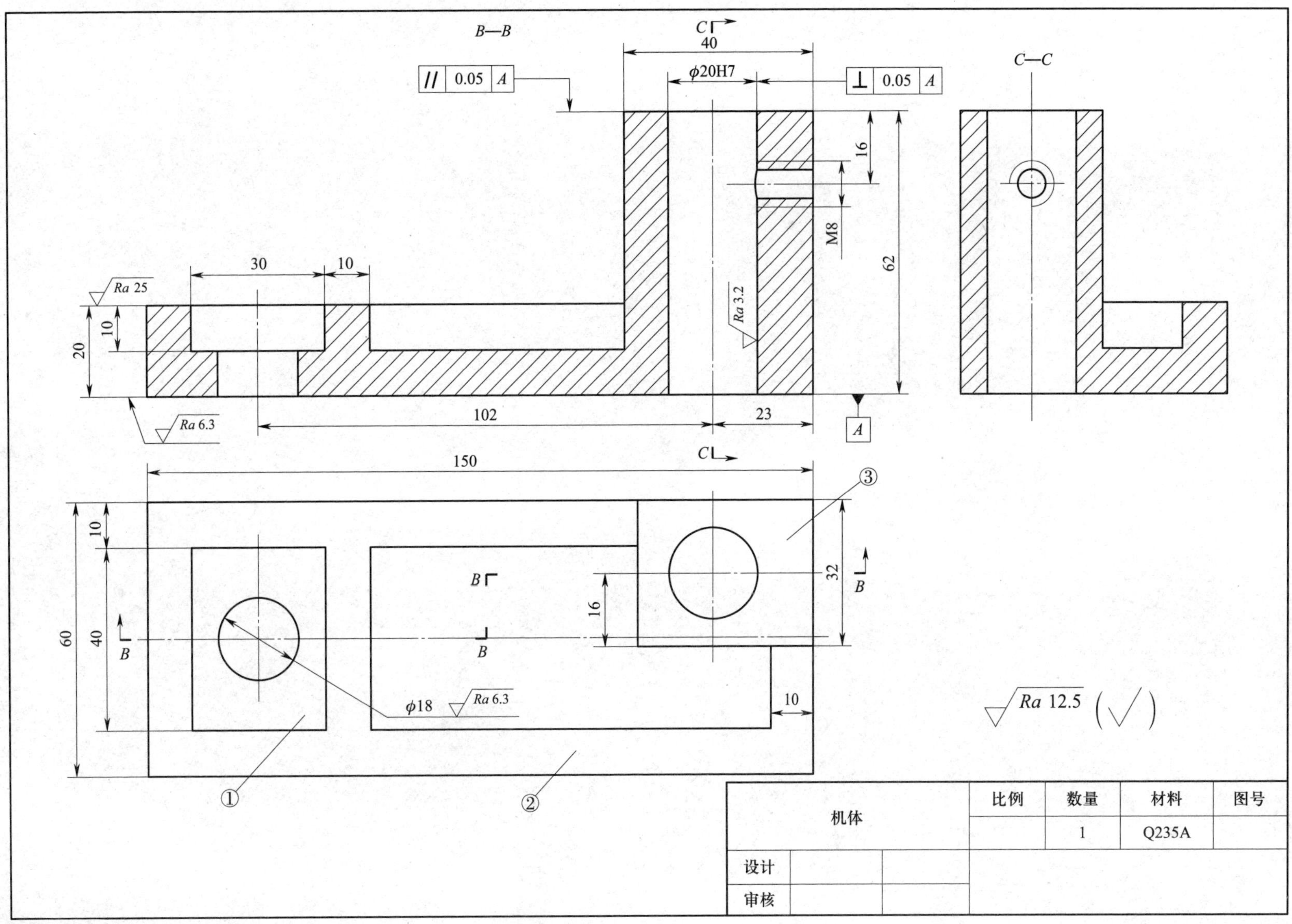

10-11（续）

识读机体的零件图并回答下列问题：

1. 主视图采用____________________剖切平面剖切，左视图采用________剖视图，这个零件采用________材料制成。

2. 图中标注①的部分是凹下去的还是凸出来的？________（凹/凸）。其定位尺寸是________ mm 和________ mm；定形尺寸是_________ mm、_________ mm 和_________ mm；图中标注②的部分的外形尺寸中长为_________ mm，宽为_________ mm，高为________ mm。

3. 图中标注③的部分是凹下去的还是凸出来的？________（凹/凸）。

4. 图中表面质量要求最高的表面结构代号是________________，要求最低的是________________。

5. 解释图中几何公差代号 | // | 0.05 | A | 的含义：被测要素是____________________，基准要素是____________________，公差项目为____________________，公差值为____________________ mm。

10-12 读懂支座的零件图并回答下列问题

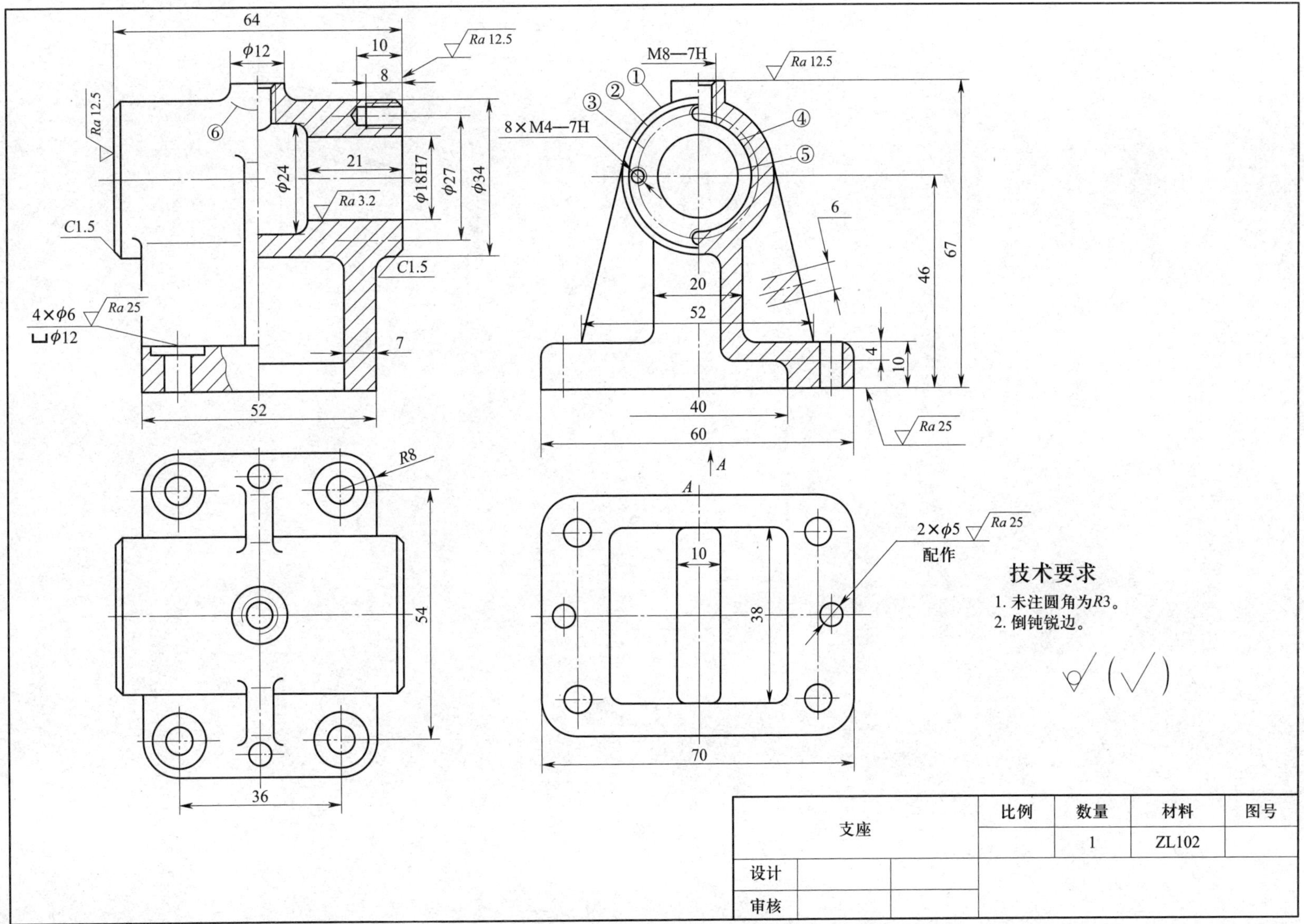

支座	比例	数量	材料	图号
		1	ZL102	
设计				
审核				

10-12（续）

识读支座的零件图并回答下列问题：

1. 为了表达内部形状，主视图采用了________________和____________________的表达方法，左视图采用了________________的表达方法。

2. A 图应为________________（选填一项：仰视图、局部视图、向视图、辅助视图）。

3. 左视图中标有①、②、③、④、⑤的五个同心圆的直径分别为_________、_________、_________、_________和_________。

4. 主视图中标注⑥的线是________________与________________相交所得的________线。

5. 零件上肋板的厚度为________ mm。支座左、右两端各有________个螺孔，螺纹部分长度为________ mm。

6. 图中标注的“4×ϕ6”孔组的定位尺寸为________ mm 和________ mm。

7. 支座长度方向的尺寸基准是____________________________________，高度方向的尺寸基准是_______________________，宽度方向的尺寸基准是____________________________________。

8. 图中标注的“ϕ18H7”中，ϕ18 表示________________，H7 是____________代号，H 是________________代号，7 是指____。

9. 支座底面的表面结构代号为____________。

10-13　几何误差的检测

一、填空题（将正确答案填写在横线上）

1. 检测外圆表面的圆度误差时，可用__________测出同一正截面的最大____________________之差，此差值的________即为该截面的圆度误差。

2. 检测外圆表面的圆柱度误差时，可将工件放在平板上的 V 形架内，在工件回转一周的过程中，测出该正截面上的________与________示值。按上述方法，连续测量若干个正截面，取各截面内所测得的所有示值中______________________________作为该圆柱面的圆柱度误差。

3. 测量面对面的平行度误差时，可将工件放置在________上，用________________测量被测平面上的各点，百分表的最大与最小示值之差即为该工件的平行度误差。

二、判断题（正确的打“√”，错误的打“×”）

1. 测量工件某一外圆对两端中心孔的公共轴线的径向圆跳动误差时，可将工件装夹在两顶尖之间，在工件回转一周的过程中，百分表示值的最大值和最小值之差的一半即为该外圆的径向圆跳动误差。（　　）

2. 圆柱孔的圆度误差可用内径百分表测量，测出同一正截面内的最大与最小示值之差即为该截面的圆度误差。（　　）

3. 检测轴上键槽中心平面对轴线的对称度误差时，基准轴线由定位块模拟，键槽中心平面由 V 形架模拟。（　　）

4. 在 V 形架上用百分表测量工件外圆表面的圆柱度误差时，为保证测量准确，通常使用夹角为 90° 和 120° 的两个 V 形架分别测量。（　　）

10-13（续）

三、分析思考题

如下图所示测量被测实际表面的径向圆跳动误差时，百分表的最大示值与最小示值之差为 0. 02 mm，因而有人说该表面的圆柱度误差为 0. 01 mm，因为该圆柱面的轴线对基准轴线偏移了 0. 01 mm，这种说法对吗？为什么？

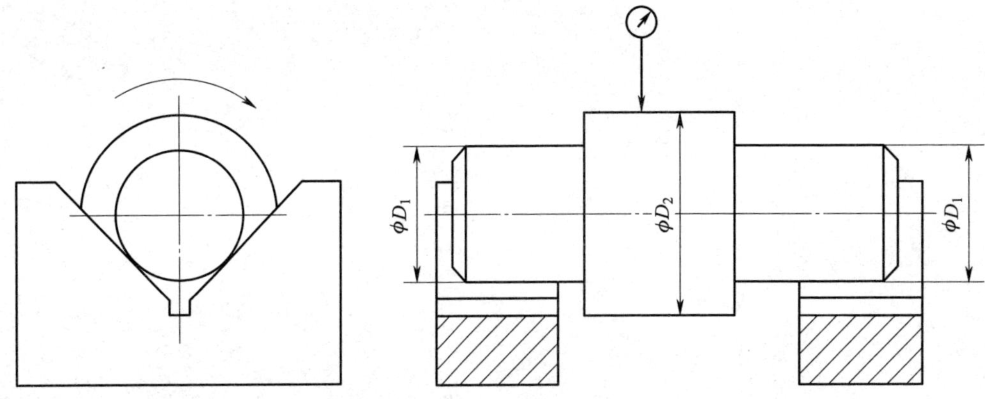

课题十一　装配图

11-1　识读浮动支承的装配图并回答下列问题

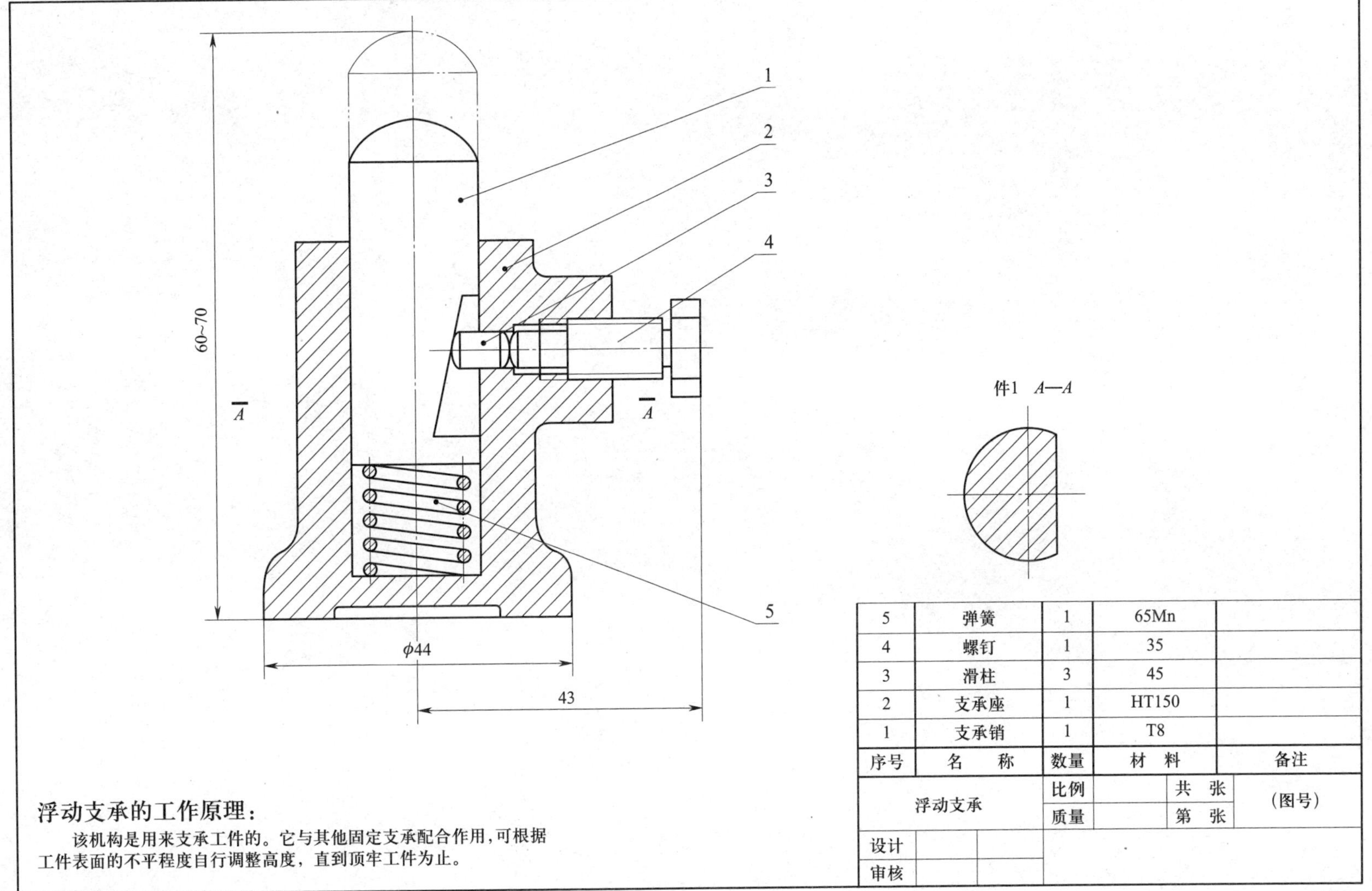

5	弹簧	1	65Mn	
4	螺钉	1	35	
3	滑柱	3	45	
2	支承座	1	HT150	
1	支承销	1	T8	
序号	名　称	数量	材　料	备注

浮动支承	比例		共　张	(图号)
	质量		第　张	
设计				
审核				

浮动支承的工作原理：

该机构是用来支承工件的。它与其他固定支承配合作用，可根据工件表面的不平程度自行调整高度，直到顶牢工件为止。

11-1（续）

识读浮动支承的装配图并回答下列问题：

1. 该装配体的主视图是________剖视图，件 1 的 *A—A* 是________________图。

2. 主视图上 60~70 mm 属于________________尺寸，它表示________________________________。

3. 件 1 主要由____________________等基本几何体组成。

4. 件 1 到位后是由____________________锁紧的。

5. 弹簧的作用是____。

6. 件 1 上斜槽的作用是____。

7. 正确的件 1 视图的序号是________。

8. 正确的件 4 视图的序号是________。

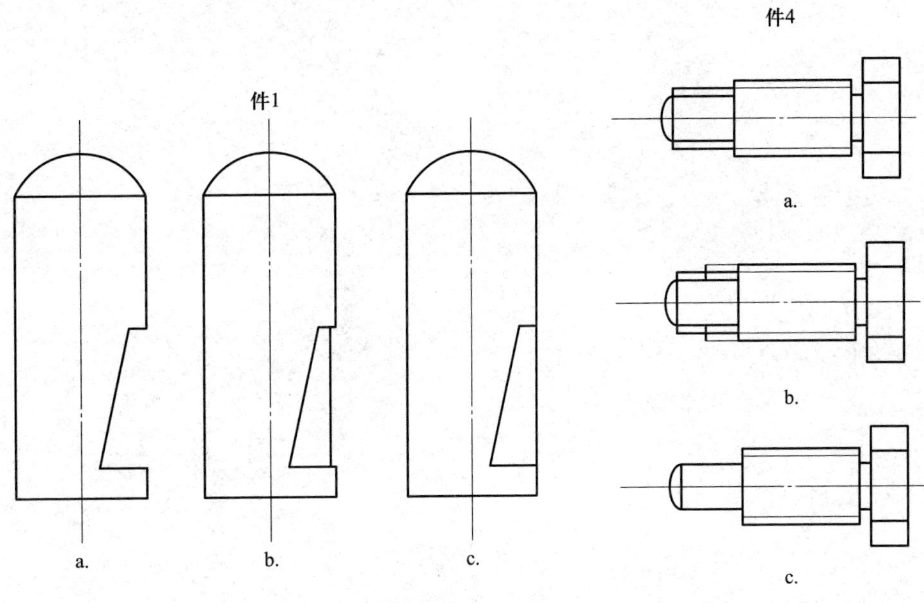

11-2　识读铣刀头的装配图并回答下列问题

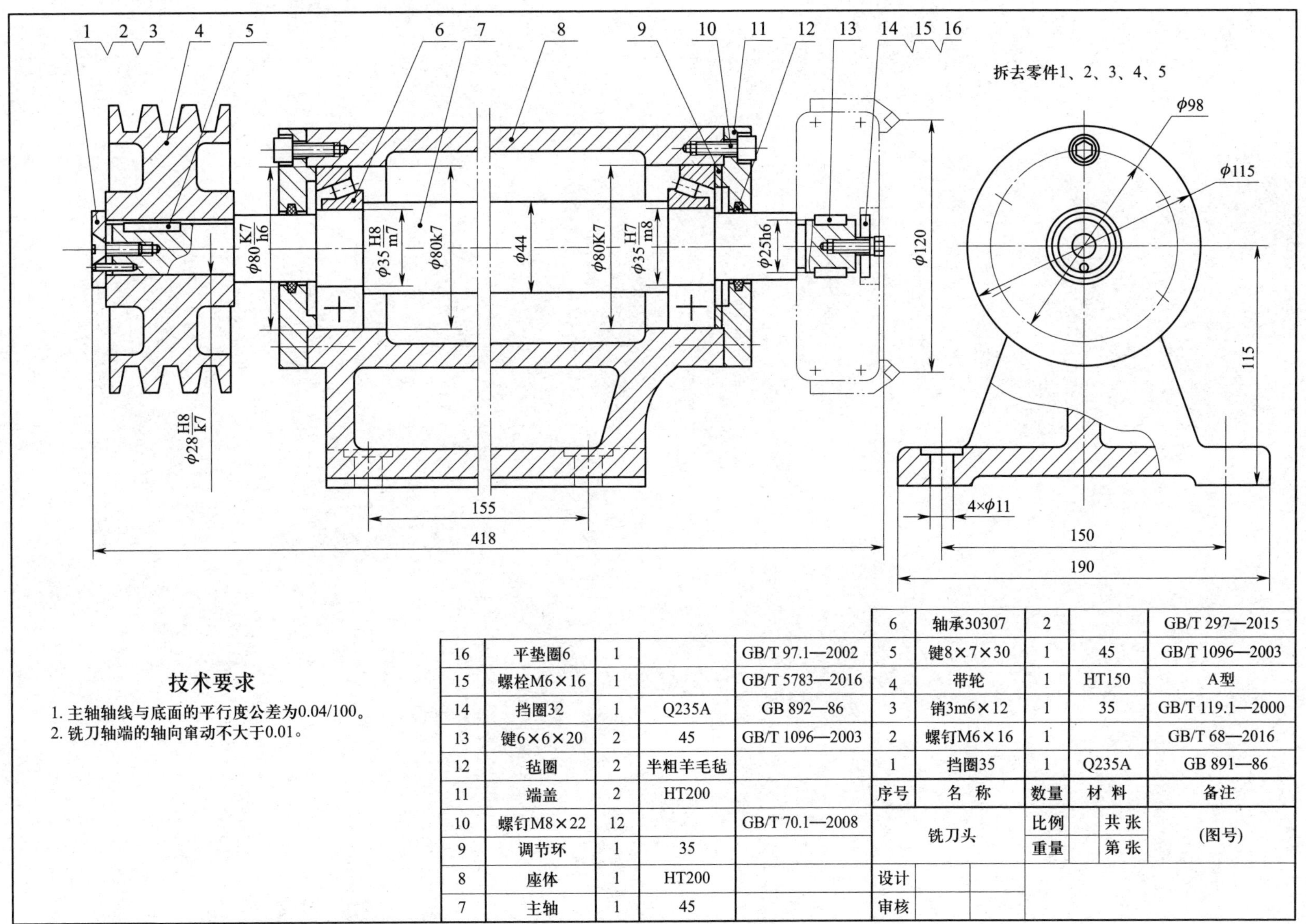

技术要求

1. 主轴轴线与底面的平行度公差为0.04/100。
2. 铣刀轴端的轴向窜动不大于0.01。

序号	名　称	数量	材 料	备注
16	平垫圈6	1		GB/T 97.1—2002
15	螺栓M6×16	1		GB/T 5783—2016
14	挡圈32	1	Q235A	GB 892—86
13	键6×6×20	2	45	GB/T 1096—2003
12	毡圈	2	半粗羊毛毡	
11	端盖	2	HT200	
10	螺钉M8×22	12		GB/T 70.1—2008
9	调节环	1	35	
8	座体	1	HT200	
7	主轴	1	45	
6	轴承30307	2		GB/T 297—2015
5	键8×7×30	1	45	GB/T 1096—2003
4	带轮	1	HT150	A型
3	销3m6×12	1	35	GB/T 119.1—2000
2	螺钉M6×16	1		GB/T 68—2016
1	挡圈35	1	Q235A	GB 891—86

铣刀头	比例		共 张	(图号)
	重量		第 张	
设计				
审核				

11-2（续）

识读铣刀头的装配图并回答下列问题：

1. 下面列出了视图名称及表达方法，请在有关系的两者间画线。

主视图　　　　局部剖视图

　　　　　　　全剖视图

左视图　　　　拆卸画法

　　　　　　　假想画法

2. 图中规格尺寸是________________，安装尺寸是________________，ϕ28H8/k7 属于________尺寸。
3. 图中标注的“ϕ80K7/h6”中 K7 是件________的公差带代号，h6 是件________的公差带代号。
4. 件 5 和件 13 的名称是________，其作用是________________________________。
5. 件 8 与件 11 依靠____________进行连接，共有________个，其分布情况可以从________图上看到。
6. 件 12 的作用是________________。
7. 件 4 是通过件________________等与件 7 连接在一起的。
8. 按带动铣刀盘转动的传动顺序依次写出零件序号：________________________。
9. 正确的件 11 主视图的序号是________。

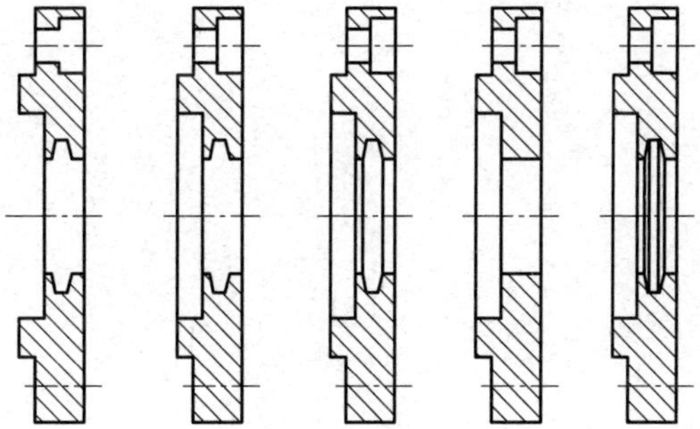

a.　　b.　　c.　　d.　　e.

11-3　识读机用虎钳的装配图并回答下列问题

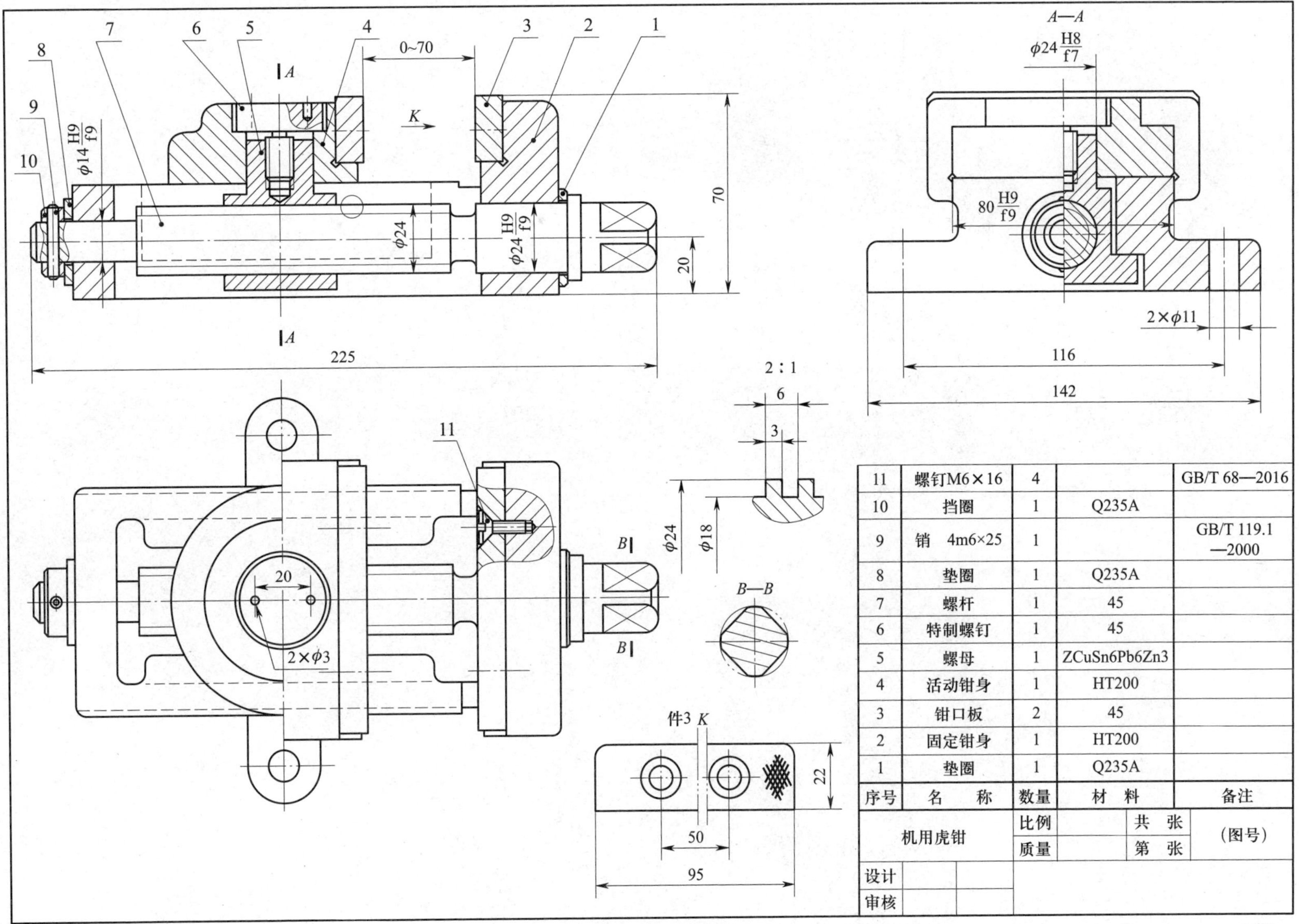

序号	名　　称	数量	材　料	备注
11	螺钉M6×16	4		GB/T 68—2016
10	挡圈	1	Q235A	
9	销　4m6×25	1		GB/T 119.1—2000
8	垫圈	1	Q235A	
7	螺杆	1	45	
6	特制螺钉	1	45	
5	螺母	1	ZCuSn6Pb6Zn3	
4	活动钳身	1	HT200	
3	钳口板	2	45	
2	固定钳身	1	HT200	
1	垫圈	1	Q235A	

机用虎钳	比例		共　张	（图号）
	质量		第　张	
设计				
审核				

11-3（续）

识读机用虎钳的装配图并回答下列问题：

1. 本装配图由________个图形组成，其中主视图采用________________，俯视图采用____________________，局部放大图是为了表达____________________，件 3 的 *K* 向视图是为了表达____。

2. 螺杆（件 7）的螺纹牙型是________，大径为________ mm。左、右两端轴颈部与固定钳身孔的配合是________配合，选用这类配合的目的是____。

3. 螺母（件 5）的材料是____________________。

4. 活动钳身 4 与螺母 5 通过____________________________连为一体。

5. 特制螺钉（件 6）上两个小孔的作用是______________________。

6. 80H9/f9 是件________与件________的________尺寸，属于________制的________配合，请在下面画出其公差带图。

7. 此装配体的拆装顺序是____。

11-4 识读钻模的装配图并回答下列问题

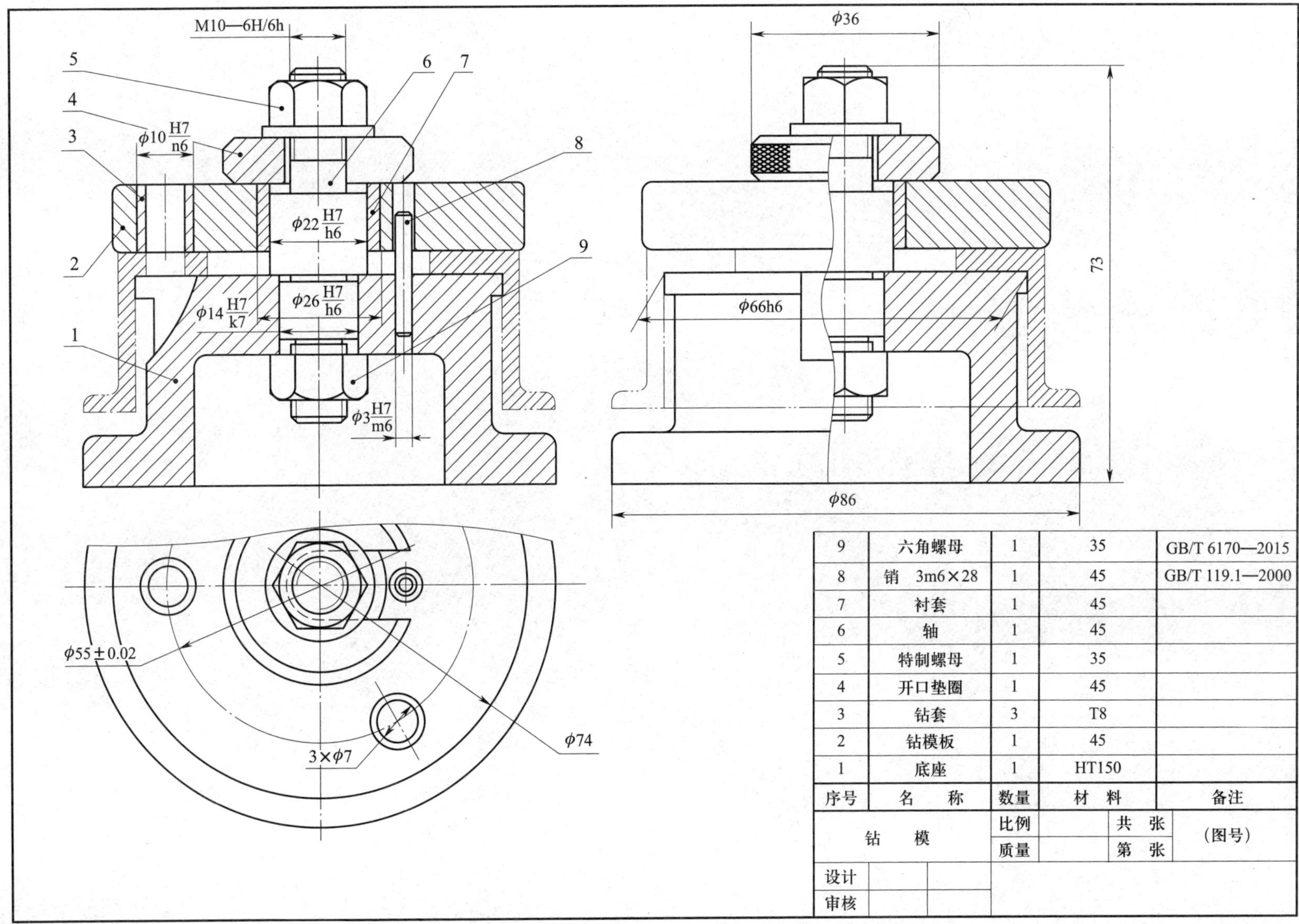

序号	名　称	数量	材　料	备注
9	六角螺母	1	35	GB/T 6170—2015
8	销　3m6×28	1	45	GB/T 119.1—2000
7	衬套	1	45	
6	轴	1	45	
5	特制螺母	1	35	
4	开口垫圈	1	45	
3	钻套	3	T8	
2	钻模板	1	45	
1	底座	1	HT150	

钻　模		比例		共　张	(图号)
		质量		第　张	
设计					
审核					

11-4（续）

一、钻模的工作原理

批量生产中在钻床上钻孔的夹具统称为钻模。图示钻模用于加工铝制工件上三个 $\phi 7$ mm 的孔。工件以 $\phi 66H6$ 的孔和内侧端面在钻模底座 1 上定位，装上钻模板 2 后，用特制螺母（件 5）和开口垫圈（件 4）夹紧。钻头穿过钻套（件 3）钻孔。

二、读图并回答下列问题

1. 装配图的名称是________，由________个零件组成。

2. 装配图由________个视图组成，主视图采用了________视图，俯视图采用了________视图的表达方法。

3. 件 2 与件 3 是________配合，其配合尺寸为________，孔的尺寸为________，轴的尺寸为________；件 6 与件 7 是________配合；件 6 与件 1 是________配合。

4. 取卸工件时应先旋松件________，再取下件________，然后拿下钻模板，取出被加工的工件；钻模上装夹的工件共加工________个孔。

5. 底座上三个圆弧槽的作用是________。销（件 8）的作用是________。

6. 拆绘底座（件 1）、轴（件 6）、钻模板（件 2）的视图。

11-5 识读微动机构的装配图并回答下列问题

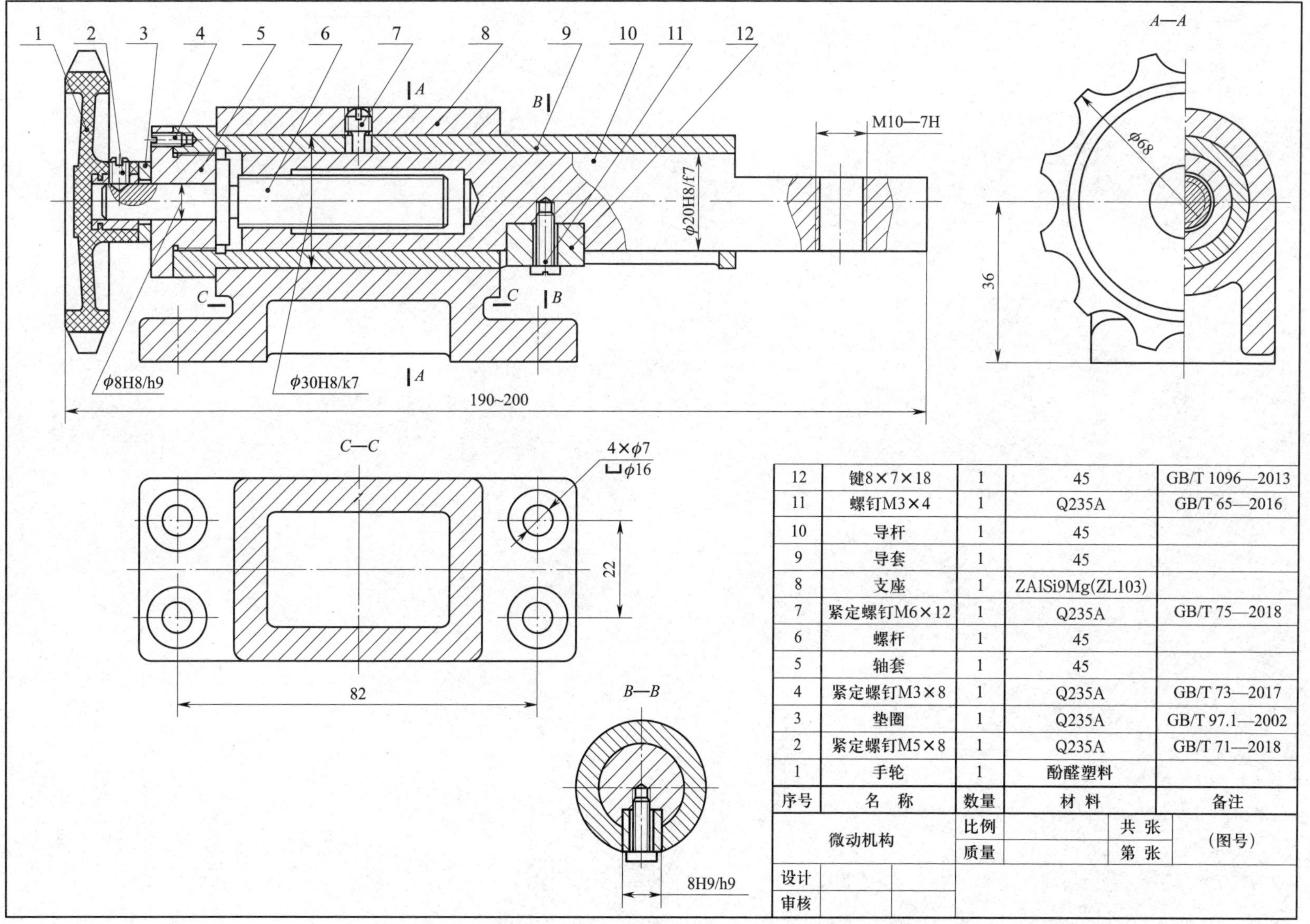

12	键8×7×18	1	45	GB/T 1096—2013
11	螺钉M3×4	1	Q235A	GB/T 65—2016
10	导杆	1	45	
9	导套	1	45	
8	支座	1	ZAlSi9Mg(ZL103)	
7	紧定螺钉M6×12	1	Q235A	GB/T 75—2018
6	螺杆	1	45	
5	轴套	1	45	
4	紧定螺钉M3×8	1	Q235A	GB/T 73—2017
3	垫圈	1	Q235A	GB/T 97.1—2002
2	紧定螺钉M5×8	1	Q235A	GB/T 71—2018
1	手轮	1	酚醛塑料	
序号	名 称	数量	材 料	备注

微动机构	比例		共 张	（图号）
	质量		第 张	
设计				
审核				

11-5（续）

识读微动机构的装配图并回答下列问题：

1. 主视图采用________剖视图。按国家标准规定，件 6 和件 10 本应按不剖绘制，为特别表明其与相邻件的连接关系，主视图共有三处采用了____________________的画法。左视图是采用________剖切平面的________视图，$C—C$ 图采用了________剖切平面剖切。

2. 图中标注的尺寸中，82 mm、22 mm 和 $4\times\phi7$ mm 属于________尺寸。

3. 当用手转动件________时，件 6 随之做________运动，此时，件________将做左右方向的微调移动，在此工作过程中，件 12 的作用是________________________________。微调移动的最大距离为________ mm。

4. 配合代号 $\phi20H8/f7$ 中孔和轴的极限偏差分别为$\left(^{+0.033}_{0}\right)$ mm 和$\left(^{-0.020}_{-0.041}\right)$ mm，试画出孔和轴的公差带图。孔的公差为_______ mm，轴的公差为________ mm，最大间隙为________ mm，最小间隙为________ mm。

课题十二　焊接图

识读支承臂的焊接图样并回答下列问题

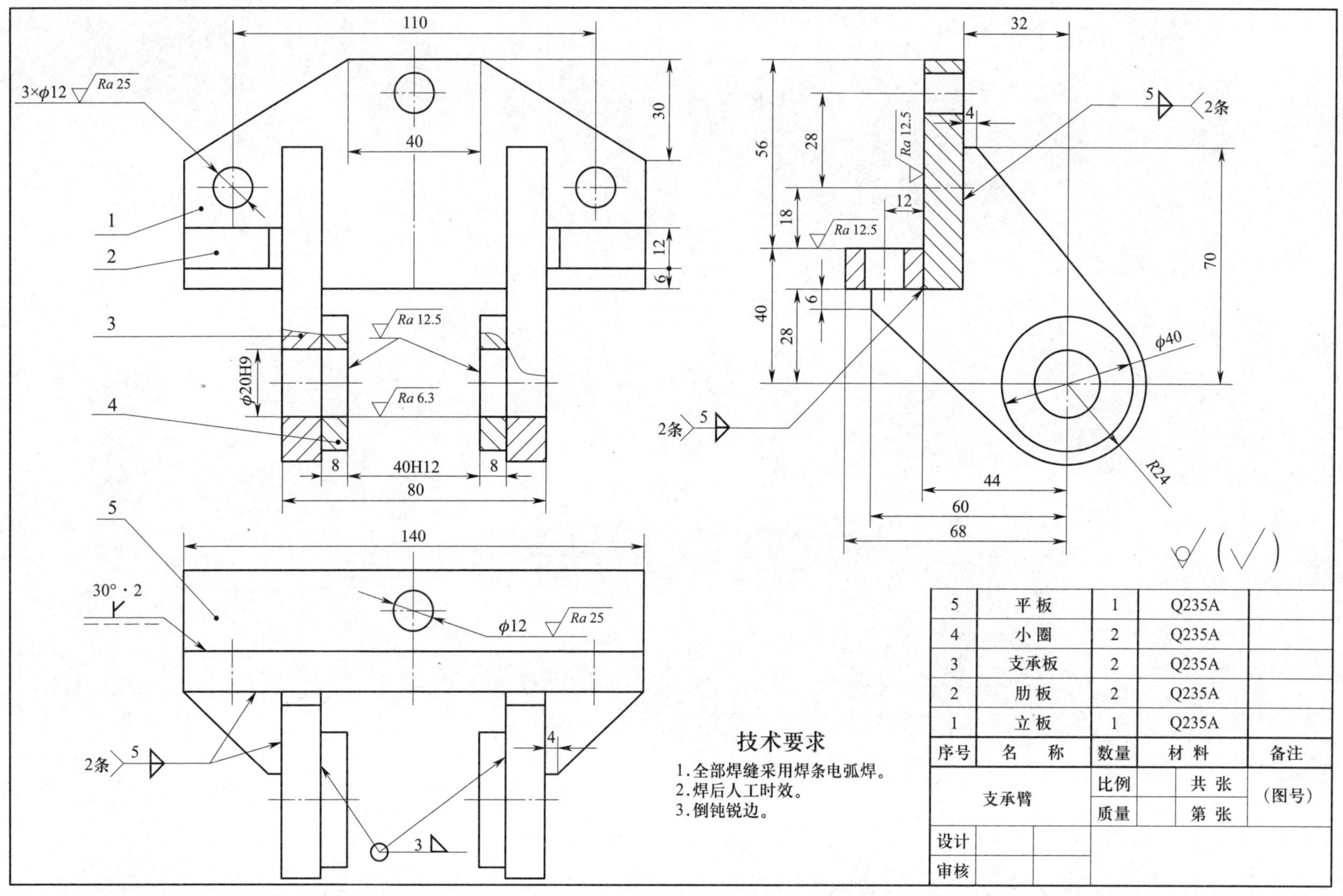

序号	名　称	数量	材 料	备注
5	平 板	1	Q235A	
4	小 圈	2	Q235A	
3	支承板	2	Q235A	
2	肋 板	2	Q235A	
1	立 板	1	Q235A	

支承臂	比例		共 张	（图号）
	质量		第 张	
设计				
审核				

识读支承臂的焊接图样并回答下列问题：

1. 该图样所表达的部件名称为________________。

2. 该部件由________种________个零件通过________方法连接而成，所有零件的材料牌号均为________。

3. 该图样采用了________个图形，主视图采用________________图，左视图是________________平面的________视图。

4. 该部件所要求的焊接方法均为______________________________，件________与件________之间采用带钝边单边 V 形焊缝；件________与件________之间采用焊脚尺寸为 3 mm 的周围角焊缝；其他六条均为焊脚尺寸为________ mm 的________面角焊缝。

5. 该部件焊接成型后需进行机械加工，其中有四个________ mm 的小孔钻孔后表面结构代号为__________________，有两个________的孔加工后表面结构代号为________________，有________个平面加工后表面结构代号为________________。